L'ART

DE CULTIVER

LES PEUPLIERS

D'ITALIE,

AVEC

DES OBSERVATIONS

Sur les différentes especes & variétés de Peupliers; sur le choix, la disposition des Pépinieres, leur Culture, & sur celle des arbres plantés à demeure.

PAR M. PELÉE DE SAINT-MAURICE, *Membre de la Société Royale d'Agriculture de la Généralité de Paris, au Bureau de Sens, & Associé des Sociétés d'Agriculture de Soissons & de Tours.*

SECONDE ÉDITION.

Revûe, corrigée & augmentée par l'Auteur.

Arboribus varia est natura creandis.
Virg. Georg. Lib. 2.

/ Prix 24 sols broché.

A PARIS,

Chez la Veuve D'HOURY, Imprim. Lib. de la Société Royale d'Agriculture de la Généralité de Paris, rue Saint Severin, près la rue S. Jacques.

M. DCC. LXVII.

Avec Approbations & Privilége du Roi.

PRÉFACE.

LA plûpart des arbres viennent de graines, & font au moins dix ans dans les Pépinieres avant d'être bons à tranfplanter. La dépenfe, les foins, les peines qu'ils exigent, l'efpace confidérable qui fe trouve entre leur plantation & leur rapport, découragent une grande partie des Cultivateurs qui veulent jouïr promptement, & qui fouvent ne font pas en état de faire de groffes avances.

L'efpece d'arbre que nous annonçons, croît en très-peu de temps, fe multiplie facilement, ne demande ni beaucoup de foins, ni beaucoup de dépenfe, & après 15 ans de plantation, donne à fon Maître un produit confidérable, lorfque le terrein fe trouve convenable. A peine les autres arbres commencent-ils à paroître, que les nôtres n'exiftent plus. Ce font des prodiges qu'il faut voir pour fe le perfuader. La mainere de les multiplier eft prompte, facile, & peu coûteufe ; leur culture eft la même, à peu-près, que celle des arbres ordinaires, & leur produit eft fouvent doublé avant que les autres puiffent être coupés une feule fois.

Tout le monde regarde le Peuplier de France, comme celui des bois blancs, qui est le plutôt en état de faire des planches, & d'être employé à la ménuiserie; on convient qu'il faut environ 30 ans pour qu'il soit bon à couper; les prés, les marais, les terres humides, font remplies de cette espece d'arbre.

Le Peuplier d'Italie, ou de Lombardie, croît plus vîte en 12 ans, que les autres Peupliers dans l'espace de 30; il est plus beau, plus droit, plus facile à employer que celui de France; son bois est dur, propre à faire des charpentes de toutes especes. On prétend même qu'on peut en faire des mâts de vaisseaux. Quelle ressource pour nous qu'un arbre aussi précieux! Et quel est le Citoyen qui ne s'empressera pas de le cultiver! on assure que trente arpens de ce bois bon à couper, valent, en Italie, 80 à 100000 l. En faut-il davantage pour prouver la supériorité de cet arbre sur tous les autres? Suivons ce Canal admirable *, Ouvrage digne du Prince qui l'a formé, & du siécle qui l'a vû naître; jettons les yeux sur ses bords agréables, nous verrons que le Peuplier d'Italie en fait l'ornement.

A peine cet arbre est-il parvenu en

* Le Canal de Montargis.

France, qu'on a connu toute son utilité *, & les riches Possesseurs de ce trésor de l'Agriculture en ont fait dans les Domaines de S. A. S. des Pépinieres considérables, dont on a tiré cette quanté d'arbres qui bordent le Canal.

Plusieurs Seigneurs, encouragés par cet exemple, en ont fait des avenues magnifiques, qui sont prêtes à leur rendre la récompense de leurs soins ; en un mot, tous ceux qui le cultivent sont autant d'Apologistes qui parlent pour lui.

Un Peuplier d'Italie est, comme nous l'avons dit, en état d'être coupé après 15 ans de plantation ; il fait pour lors un gros profit au Propriétaire, qui n'a pas moins joui de son terrein dont la valeur a toujours été à peu-près la même pendant que l'arbre croissoit. Ce produit est constaté dans le XXIe Chapitre, où l'on voit qu'en débitant ces arbres en planches volices, on retirera 44 livres au moins de chacun.

Réduisons à 40 liv. ce calcul quoique fort exact ; un Particulier, avec 400 boutures, est sûr de trouver 15 ou 16000 l. au bout de 15 ans dans un fonds qui ne valoit pas auparavant 200 livres de prin-

* En 1745, un Ingénieur en Chef de l'Armée, pour lors en Italie, en envoya douze boutures au Directeur du Canal de M. le Duc d'Orléans.

cipal ; conféquemment de 10 livres de rente, il fe trouvera en avoir plus de mille. Donnons 60 boutures par feu dans chaque Village ; engageons ces Particuliers à ne couper que quatre Peupliers par an, & à en replanter toujours autant, ils auront 160 liv. de produit annuel ; ce qui eft fuffifant pour apporter l'abondance dans ces fortes de maifons, & pour enrichir le Village, qui, s'il eft compofé de cent feux, aura 16000 livres de rente de plus, reparties entre tous par égalité.

Le Peuplier d'Italie croît de boutures ; avec une de fes branches de dix à douze pouces de longueur, & d'un pouce de circonférence, on a un arbre qui en trois ans, porte jufqu'à dix-huit pieds de hauteur, & qui dans cet intervalle, produit affez de jets pour former une Pépiniere.

La terre qu'il demande eft à peu-près celle qui convient aux autres Peupliers ; il s'accoutume même plus facilement que les Peupliers ordinaires, à toutes fortes de terreins. Il ne lui faut ni fumiers, ni arrofemens ; les labours feuls fuffifent pour le faire pouffer vigoureufement.

Il réfulte de ce que nous venons de dire, que ce Peuplier, confidéré par rapport à fon agrément, fon progrès, & fon utilité, eft pour celui qui le poffede une fource abondante de biens.

C'eſt d'après l'experience que nous avons acquiſe en cultivant le Peuplier d'Italie, & en parcourant les differentes Pépinieres dans leſquelles on en éleve, que nous avons cru devoir compoſer ce petit Eſſai ſur une branche auſſi intéreſſante de l'Agriculture. Notre projet étoit d'abord d'éviter à pluſieurs de nos amis qui ont des Peupliers d'Italie, en leur faiſant paſſer ce Mémoire, les déſagrémens d'échouer, ſoit dans la préparation, ſoit dans la conduite de leurs Pépinieres. Mais la grande quantité de perſonnes qui ſe ſont adreſſées à nous pour avoir des notions ſur la culture de cet arbre, nous a déterminé à rendre notre Ouvrage public.

Nous avons tâché de raſſembler tous les principes qui ſont néceſſaires pour la culture des arbres en général. Nous avons pris pour guides dans cette route, les meilleurs Ouvrages; ainſi, nous croyons que ce Traité pourra être utile pour toutes ſortes d'arbres.

Nous ſommes redevables à pluſieurs Cultivateurs de beaucoup de choſes intéreſſantes dont ils ont enrichi ce Mémoire, que nous devons plus à leurs lumieres qu'aux nôtres. Nous eſperons qu'ils voudront bien recevoir ici le témoignage de notre reconnoiſſance.

Si le Cultivateur a quelquefois trahi l'homme de Lettres, nous nous flatons que le Public voudra bien faire grace à l'un en faveur de l'autre. Il ne trouvera pas le Sçavant, mais il verra le Citoyen, qui n'a d'autres vûes que celles de se rendre utile.

L'ART

L'ART
DE CULTIVER
LES PEUPLIERS
D'ITALIE,

AVEC DES OBSERVATIONS

Sur les differentes especes & variétés de Peupliers; sur le choix, la disposition des Pépinieres, leur Culture, & sur celle des Arbres plantés à demeure.

CHAPITRE PREMIER.

Du Peuplier d'Italie.

ARMI les differentes especes d'arbres que nous avons été à portée de connoître & de cultiver, il en est une, qui par l'agrément qu'elle procure, & l'utilité qu'on en tire, nous a paru mériter une attention particuliere; c'est le Peuplie d'Italie. Cet arbre devient, en très-peu de

A

temps, d'une grosseur & d'une hauteur surpre-
nantes : il a l'écorce blanchâtre, unie & lisse;
il pousse au Printemps des boutons longs, pointus, visqueux, & d'un verd jaunâtre; ses pousses sont longues & bien garnies de feuilles, qui
suivent la direction de la tige, & ne se recour-
bent point vers la terre; ses feuilles sont d'un
beau verd foncé, pointues, assez grandes, dentelées, & attachées à de longs pédicules rougeâtres; son épiderme est d'un verd blanc, &
toujours lisse comme celle du noyer. Ses branches ne se sechent jamais; il a les racines jau-
nâtres, tendres, bien chevelues, & garnies
d'un pivot qu'on retranche lorsqu'on plante
l'arbre à demeure. Son bois est plus dur, plus
compacte que celui du Peuplier ordinaire; quoique de fil droit, il est propre à faire des charpentes, des menuiseries, des mâts de vaisseaux,
parce qu'il a de petits ligamens qui se réunissent
les uns aux autres, l'affermissent & l'empêchent
de casser, ce qui le rend préferable à toutes les
autres especes de bois blancs.

Pour rendre notre définition plus sensible,
nous croyons devoir comparer cet arbre avec
le Peuplier noir de France, qui est celui dont
le Peuplier d'Italie approche le plus. C'est ce
que nous nous proposons de faire, après avoir
indiqué les autres especes & variétés de Peupliers, qui, quoiqu'inferieures à la nôtre, ont
cependant leur mérite.

CHAPITRE II.

Des differentes especes & variétés de Peupliers.

NOus connoissons en France quatre especes de Peupliers. La premiere est appellée Peuplier blanc (*a*); elle a le tronc gros, l'écorce unie, les feuilles plus ou moins larges, suivant sa nature, assez semblables à celles de la vigne, & lanugineuses en dessous.

La seconde est appellée Peuplier lybique ou tremble (*b*); elle a les feuilles, comme le lierre, dures, noirâtres, presque rondes, non dentelées, mais ondées, ou godronnées par les bords, très-unies des deux côtés, & toujours tremblantes, même dans un temps calme.

La troisiéme espece est le Peuplier noir (*c*),

(*a*) On distingue trois variétés de cette espece. Le Peuplier blanc à grandes feuilles, ou grisaille de Hollande, ou hypreau, ou franc picard à grandes feuilles, que nous avons depuis peu en France, & dont nous parlerons ci-après. *Populus alba major. fol. Gasp. Bau. Pinax. theatri botanici. Populus fol. subrotundis, dentato-angulatis, subtùs tomentosis. Hortus Cliffortianus Linnæi.*

Le Peuplier blanc à petites feuilles. *Populus alba minoribus fol. Matthiæ Lobelii plantarum seu stirpium incones.*

Le Peuplier blanc à feuilles panachées. *Populus alba min. fol. variegato. Philippi Miller catalogus arborum, &c.*

(*b*) Le Peuplier tremble se divise en deux variétés. Le Peuplier tremble à feuilles pointues. *Populus tremula. G. B. P. Populus fol. subrotundis dentato-angulatis utrinque glabris. Hort. Cliff.*

Le Peuplier tremble à grandes feuilles. *Populus tremula ampliori folio.*

(*c*) Il y a plusieurs variétés du Peuplier noir. Le Peuplier noir. *Populus nigra. G. B. P. Populus foliis deltoidibus, acuminatis, serratis. Hort. Cliff.*

dont le bois est plus jaunâtre, plus dur, plus nerveux, & moins facile à fendre que celui du Peuplier blanc.

La quatriéme est une espece de baumier, appêllé improprement tacamahaca (*a*), dont les boutons sont plus gros, plus odorans & plus visqueux que ceux des autres Peupliers, & dont les branches sont d'un brun clair.

Ces especes ont differentes variétés, dont

Le Peuplier noir, dont les feuilles sont pointues, dentelées & ondées par les bords, ou, mal-à-propos, osier blanc. *Populus nigra, foliis acuminatis, dentatis, ad marginem undulatis.*

Le Peuplier de la Caroline ou de Virginie à très-grandes feuilles, dont les jeunes pousses sont relevées d'arrétes qui les font paroître quarrées. *Populus magna Virginiana, foliis amplissimis, ramis nervosis, quasi quadrangulis.* Traité des Arbres par M. Duhamel, t. 2, p. 78, pl. 39, fig. 9. *Populus magna foliis amplis aliis coriformibus, aliis subrotundis, primoribus tomentosis. Gronovii flora Virginiaca.*

Le Peuplier noir d'Italie ou de Lombardie, dont les feuilles sont pointues & dentelées, & dont les branches sont droites & réunies en forme de pyramide. *Populus nigra Italica, foliis acuminatis, dentatis, ramis erectis.*

Le Peuplier noir de Canada, à feuilles assez grandes, dont les nervures & les pédicules sont blanchâtres & dont les branches sont relevées d'arrêtes qui les font paroître quarrées. *Populus nigra Canadensis folio ampliori, nervis & pediculis albidis, ramis nervosis, quasi quadrangulis.*

Le Peuplier liard de Virginie à grandes feuilles ovales, dont les boutons repandent un baume. *Populus nigra Virginiana, folio maximo ovato, gemmis balsamum fundentibus.*

(*a*) Le Peuplier à petites feuilles, dentelées, semblables au laurier & blanchâtres en dessous, dont les boutons repandent un baume très-odorant, ou tacamahaca, que quelques personnes appellent *populo similis. Populus foliis ovatis, acutis serratis, Gemmis odoratissimis.*

les unes sont préferables aux autres, soit pour l'ornement, soit pour l'utilité. Le Peuplier de la Caroline, le blanc ou tremble de Hollande, le Peuplier de Canada, le Peuplier liard de Virginie, le baumier, ou tacamahaca, meritent certainement, ainsi que le Peuplier d'Italie, d'être cultivés de préference. Nous allons dire un mot de chacune de ces variétés.

Le Peuplier de la Caroline (*a*) qui a été originairement apporté de la Lombardie dans la Caroline dont il a pris le nom, & où il est d'un produit immense, croit de boutures, comme celui d'Italie, mais très-difficilement, parce que son écorce tendre & son bois spongieux pourrissent avant que de former le bourlet nécessaire à la propagation. Cet arbre admirable par la beauté de ses feuilles qui sont d'un verd d'eau, épaisses, taillées en forme de cœur, dentelées finement dans leur contour, qui ont quelquefois jusqu'à dix pouces de long sur sept ou huit de large, toujours avec des nervures rougeâtres & un pédicule long, fort & applati, donne un très-beau couvert, fait des avenues charmantes, & orne singulierement les bosquets par sa forme étrangere. Il a les jeunes pousses d'un verd tendre, parsemées de petites taches blanches, & relevées de fortes arrêtes, qui les font paroître quarrées. Il vient très vîte dans les terreins frais ; il conserve ses feuilles fort avant dans l'hyver, & toujours aussi belles qu'au milieu de l'été ; nous en avons vu des salles superbes dans differens endroits. Le seul inconvenient que nous trouvons dans la culture de cet arbre magnifique, c'est que lors-

(*a*) Voyez sa phrase botanique au 3e alinea de la note *c*. page 4.

qu'il eſt battu par les vents, ſes jeunes pouſſes, qui ſont remplies de ſéve, ſe caſſent faci-lement ; mais il eſt très-aiſé de l'éviter en ne l'élaguant point même du pied, juſqu'à ce qu'il ait pris une certaine force, parce qu'il réſiſte beaucoup mieux. Nous avons obſervé que lorſ-que le vent caſſe la cime il s'en forme preſque auſſi-tôt une autre, & que la premiere ſéve ré-pare facilement les torts du dernier orage.

Il réſulte de toutes les experiences que nous avons faites & que nous avons vû faire dans la Pépiniere établie à Sens, où cet arbre eſt cul-tivé avec ſuccès, que le plus ſur moyen pour le multiplier, eſt de planter les boutures, quand la ſéve commence à s'annoncer, ſur une vieille couche de melons mêlée de fumier de vache conſommé ; malgré ces précautions nous en avons vû perir beaucoup. Quelques perſonnes élevent le Peuplier de la Caroline de marcot-tes, mais elles ne prennent du chevelu qu'au bout de trois ans, la nature nous offre un ex-pedient plus ſimple pour le multiplier ; il ſe greffe avec ſuccès ſur le Peuplier d'Italie. Nous en parlerons au chapitre des greffes.

Le blanc de Hollande (*a*) eſt une eſpece de Peuplier qui a la feuille grande, taillée comme la vigne, d'un verd noirâtre en-deſ-ſus, & extrêmement lanugineuſe en-deſſous ; ſes nouvelles pouſſes ſont toutes couvertes de ce même duvet, qui garnit le deſſous des feuilles : le bois d'un an, eſt d'un verd noir, il blanchit en vieilliſſant. Le blanc de Hollande devient fort droit, & en peu de temps ; il ne ſe mul-tiplie pas de boutures, mais ſeulement de

(*a*) *Voyez* ſa phraſe au 1er alinea de la Note *a.* page 3.

plants enracinés qu'on trouve au pied de l'arbre.
On en voit de très-beaux au Château d'Arpajon.

Le Peuplier du Canada (*a*) que nous avons
encore depuis peu de temps , & que quelques
perfonnes appellent Peuplier de Virginie, eft une
autre variété de Peuplier noir , qui a fes feuilles
dentelées , taillées en forme de cœur , attachées
à de longs pédicules applatis. Cet arbre, que les
Marchands donnent pour le Peuplier de la Caroline, parce qu'il a comme lui, les jeunes
pouffes relevées d'arrêtes , eft different du premier, en ce qu'il a les feuilles plus petites ,
moins allongées, le pédicule & les nervures
blanchâtres ; il eft moins droit, fes rameaux s'é-
tendent davantage , il a les jeunes pouffes plus
arrondies que celles du Peuplier de la Caroline,
fes arrêtes font moins profondes, fon bois eft
plus dur , moins gros, moins caffant, & perd
plus facilement fes canelures. Le Peuplier de
Canada fe redreffe à mefure qu'il croît & devient un fort bel arbre. On le multiplie de boutures plus aifément que celui de la Caroline,
parce qu'il a l'écorce plus dure, plus compacte;
on en fait de fort belles avenues. Comme fes
branches s'étendent il donne un beau couvert ;
il ne faut pas l'élaguer.

Le Peuplier liard de Virginie (*b*) qu'on nous
a envoyé fous le nom de liard, parce que la
couleur de fes feuilles reffemble affez à celle du
lierre, a les feuilles grandes , longues , ovales ,
épaiffes , fort larges auprès du pédicule qui eft
rond , terminées en pointes, dentelées finement

(*a*) *Voyez* fa phrafe botanique au 5ᵉ alinea de la
note *c.* page 4.

(*b*) *Voyez* la phrafe botanique au 6ᵉ alinea de la
note *c.* page 4.

A iv

par les bords, d'un verd foncé en-deſſus & blanchâtre en-deſſous ; il a des boutons fort longs ,
pointus & viſqueux, & la gomme que ces
boutons renferment a beaucoup d'odeur. Les
jeunes pouſſes de cet arbre reſſemblent aſſez,
pour la couleur, à celles du poirier. Il croît
facilement de boutures, s'éleve droit & ſe garnit bien de feuilles. Nous en avons vû de fort
beaux à la Pépiniere de Sens ; nous croyons
qu'on en peut faire un bon uſage en medecine,
nous en parlerons dans le Chapitre VI. où
nous traiterons des propriétés des Peupliers en
medecine.

Le Baumier ou tacamahaca (*a*) , eſt une
eſpece de Peuplier dont les boutons répandent
un baume très-odorant, & qui par-là ſemble
mériter beaucoup d'attention. Cet arbre a la
feuille étroite, fort longue, terminée en pointe , dentelée , aſſez ſemblable pour la forme &
la couleur , à la feuille du laurier franc , & at-
tachée à un pédicule plus long & plus rougeâtre que celui du Peuplier liard. Ses boutons
ſont plus gros, plus viſqueux & toujours gluans ;
ſes pouſſes beaucoup plus courtes que celles du
liard , nous ont paru plus brunes. Nous avons
vu juſqu'à preſent fort peu de plants de cette
variété eſtimable.

On trouve au Canada une variété de Peuplier qui eſt à feuille d'érable. Comme nous n'a-
vons pas encore pû nous la procurer, nous ai-
mons mieux n'en rien dire que d'en parler d'a-
près la deſcription des Auteurs qui ne la con-
noiſſent eux-mêmes que par relation.

De toutes ces variétés, qui font grand plaiſir

(*a*) *Voyez* ſa phraſe à la note *a*. page 4.

aux Cultivateurs, nous n'en connoiſſons pas une qui ſoit comparable au Peuplier d'Italie. Celui-ci par la facilité qu'on trouve à le reproduire, ſa beauté & ſon progrès, leur ſera toujours préferé.

CHAPITRE III.

Le Peuplier d'Italie comparé avec le Peuplier noir de France, qui en approche le plus. Avantage conſiderable qui réſulte de la préference qu'on doit donner au Peuplier d'Italie.

LE Peuplier noir eſt, de toutes les eſpeces de Peupliers dont on vient de parler, celui qui approche le plus du Peuplier d'Italie (*a*); & cependant il y a entre les deux une différence ſenſible. Le Peuplier d'Italie a, comme nous l'avons dit, les branches droites, & plus rapprochées du tronc; celui-ci les a pendantes. Le Peuplier de France eſt irrégulier dans ſon contour; le notre forme une pyramide parfaite. L'un eſt toujours droit; l'autre eſt ſouvent tortueux. Les feuilles de celui-ci ſont d'un beau verd foncé, celles du Peuplier noir ſont d'un verd terne, plus pointues & moins larges. L'écorce de ce dernier, qui eſt griſe, ſe ſéche en vieilliſſant, & devient fongueuſe; celle du Peuplier d'Italie ſe ſoutient d'un verd blanc, & liſſe juſqu'à ſa fin. L'un ſe dépouille de ſes branches, & ſe couronne; l'autre conſerve ſes pouſſes toujours également belles. Le Peuplier d'Italie ſe plaît dans un bon terrein, & ſe

____

(*a*) Les feuilles du Peuplier d'Italie reſſemblent aſſez à celles de la variété déſignée au ſecond alinéa de la Note *c.* page 4. *Voyez* ſa phraſe botanique au quatriéme alinéa de la même Note.

paſſe facilement d'eau ; le Peuplier de France fait des progrès moins ſenſibles, quand il en eſt Privé. Le nôtre, quoiqu'il croiſſe plus vîte, a cependant le bois plus dur que celui-ci, & les Menuiſiers lui trouvent une qualité bien ſupérieure au premier. Tous deux, à la vérité, ſe multiplient par la voie des boutures ; mais une branche de trois ans, coupée ſur un Peuplier de France, n'eſt jamais auſſi forte, auſſi vigoureuſe, auſſi grande qu'une de nos boutures de douze pouces, lorſqu'elle a été trois ans en Pépiniere. Après cette remarque, il eſt facile de juger de la ſupériorité de cet arbre, ſur tous les autres de ſon eſpece.

Il ſuffit de dire, comme nous l'avons avancé dans la Préface de cet Ouvrage, où nous détaillons les avantages du Peuplier d'Italie ſur les autres, qu'il eſt plus beau, plus gros, après quinze ans de plantation, que les autres après trente années ; en un mot, qu'il réunit en lui l'agréable & l'utile ; c'eſt ce que nous allons établir dans les trois Chapitres qui ſuivent.

CHAPITRE IV.

Le Peuplier d'Italie conſideré comme un arbre d'ornement dans les Parcs, les Avenues, les Boſquets, ſur les bords des Canaux, dans les Prairies, dans les Percées des Bois ; préference qu'il doit avoir ſur le Tilleul & ſur la Charmille, à cauſe de la rapidité de ſes progrès.

L E Marronnier d'Inde a été employé pendant long-temps pour la décoration des Parcs & des Jardins ; mais comme il ſalit continuellement les Allées, nous lui avons préferé depuis le Tilleul de Hollande, qui prend facilement les differentes formes qu'on veut lui donner, & qu'il fait un beau couvert. Communément le progrès de cet arbre eſt lent, il ne fait un bel effet que lorſqu'il eſt taillé avec le croiſſant; & cette dépenſe eſt conſiderable pour les Propriétaires qui ont des Avenues & des Jardins étendus. Le Peuplier d'Italie prend naturellement une forme pyramidale très-agréable & n'a jamais beſoin du croiſſant, ſes branches, qui pouſſent en quantité le long du tronc, ſont chargées de feuilles d'un beau verd qu'elles conſervent fort avant dans la ſaiſon. lorſqu'on place ces arbres à ſix pieds de diſtance les uns des autres ils donnent, dès la ſeconde année, avec quelque ſoin, aſſez d'ombrage pour parer entierement les rayons du Soleil. Il ne leur faut ni tuteurs ni treillages. Le Peuplier d'Italie eſt de tous les arbres que nous avons vû, celui qui s'éleve le plus droit, & par conſéquent le plus beau, le plus facile à aligner pour faire des Avenues, pour border les Chemins, les Etangs, les Canaux, & pour couper les Prairies. Il fait un très-bon effet lorſqu'on le met en petits plants d'un an dans les Boſquets où les autres arbres ont manqué & il regagne facilement ceux qui reſtent; il garnit bien lorſqu'on le coupe par le pied; nous l'avons vû employé avec ſuccès dans les Boſquets du Château de Choiſy - le-Roi & dans beaucoup d'autres. Il eſt aiſé de le tenir fort bas, en le recoupant ſouvent; il fait très-bien dans les percées des Bois; on s'en ſert utilement pour remplir les vuides. On prend pour cela, de petits plants bien enracinés, & dans des Pépinieres qui ſont à peu-près analogues au terrein; on les coupe par le pied, &

on les plante à deux ou trois pieds de distance les uns des autres , ils garnissent bientôt. Ces plants s'alignent parfaitement , & ils servent de guides pour redresser les autres arbres ; les Percées entieres en taillis de cette espece sont magnifiques.

On a employé jusqu'à present la Charmille pour faire des Allées dans les Jardins. Cet arbre vient encore plus lentement que le Tilleul, & a besoin de Treillage lorsqu'il est jeune ; il veut être taillé au croissant, au moins deux fois par an , & avec tous ces soins, il ne peut être assez élevé pour préserver des ardeurs du Soleil avant huit ou dix ans. Nous avons imaginé un moyen de le remplacer par des Boutures ou de jeunes Plants de Peupliers d'Italie , & ce moyen nous réussit parfaitement. Si le terrein dans lequel nous projettons des Allées , des Cabinets, des Pallissades ou tels autres ornemens de cette espece, est frais & bon, nous commençons par le tracer & ensuite nous le faisons défoncer de 15 pouces de largeur en-dedans l'Allée, à partir de la trace, & de 33 pouc. en dehors, ce qui nous donne une plate-bande de quatre pieds de largeur. Nous plantons nos boutures de Peuplier de la maniere que nous indiquons dans le Chapitre XVI. à un pied de distance les unes des autres, dans la trace du cordeau. Nous faisons après cela une seconde trace en-dehors & derriere la premiere , à un pied & demi de distance. Nous plaçons dans cette trace des boutures à un pied les unes des autres , en observant de les mettre en Echiquier, c'est-à-dire, que nos boutures se trouvent repondre au milieu du vuide, qui est entre deux autres de la premiere ligne. Nous cultivons ces planches comme dans les Pépinieres ; les boutures nous donnent de beaux jets , qui se touchent, qui garnissent parfaitement & qui s'élevent souvent, dès la premiere année , à six pieds de hauteur, quoique pressés. Si dans l'une ou l'autre ligne il manque quelques boutures, nous couchons dès la fin de Mai , un des jets qui se trouve ou vis-à-vis, ou à côté, pour remplir le vuide ; il prend racine dès la seconde séve, & le Printemps suivant nous le séparons du pied. Ces jets qui se dressent d'eux-mêmes, n'ont besoin d'autres soins que des labours, pour répondre aux projets du Cultivateur. Il faut avoir l'attention de ne les pas tailler, & de ne retrancher aucunes branches, à moins qu'elles ne soient pas droites , ce qui n'arrive pas ordinairement. Avec cette double ligne nous sommes assurés de rendre ces allées , qui croissent d'une rapidité étonnante, aussi impénétrables aux rayons du Soleil que les Charmilles, qui sont d'un verd moins gai, qu'il faut attendre un tems considerable, & dont l'entretien est très-couteux. Il est constant qu'un Propriétaire qui forme des Bosquets avec des boutures de cet arbre, jouit dès la 1ᵉʳᵉ année, pour peu que son terrein soit bon ; & s'il est trop leger & trop aride, pour que ces boutures puissent réussir , en plantant de jeunes plants d'une année, il doit être assuré du succès. Si l'on veut conserver ces Allées belles pendant long-tems, il faut les recouper par le pied tous les trois ans; on en tirera des plantards qu'on mettra en Pépiniere pour faire de grands arbres; dès la premiere séve les Allées se formeront de nouveau. On pourra encore ravaller les arbres à huit ou dix pieds de hauteur ; ils pousseront de nouveaux

jets qui regarniront. La plûpart des Cultivateurs aiment mieux laisser les arbres pousser à
leur gré pour arracher la seconde ligne toute en-
tiere, & changer l'Allée en Avenue, en ne
laissant des plants qu'à sept ou huit pieds les
uns des autres, & supprimant le surplus. Lorsque l'Allée se dégarnit du pied, on élague
pour lors les arbres jusqu'à la hauteur de huit
ou dix pieds. Nous avons vû des Particuliers
qui ont mis en Pépiniere des plantards de Peupliers d'Italie, qui les ont coupé à huit pieds
sur terre de hauteur, en tête de Saule, qui ont
élagué soigneusement les petites branches qui
sortoient du corps de l'arbre pendant la premiere année, & qui les ont planté en Quinconce
dès l'année suivante, pour avoir promptement
du couvert ; ces Particuliers ont très-bien réussi.
On pourroit mettre en place des plantards coupés de cette maniere, & des boutures dessous
dans un Jardin, qui est ordinairement un terrein frais & cultivé ; on seroit sûr d'avoir un
Bosquet formé dès la premiere année ; c'est une
maniere de jouir promptement, & qui convient
à beaucoup de personnes.

CHAPITRE V.

Le Peuplier d'Italie consideré comme un Arbre
utile, soit en Taillis, en Avenues,
ou en Quinconces.

LE Peuplier d'Italie n'est pas seulement,
comme nous l'avons dit, un arbre d'ornement ; & ce n'est pas à ce seul titre qu'il a la
préference sur les autres. Son utilité générale-

ment reconnue & la rapidité de ses progrès doivent déterminer à le cultiver.

Pour tirer un parti avantageux des Peupliers d'Italie, il faut les élever en Taillis ou en grands arbres. Si l'on plante les Peupliers en Taillis, il faut pour lors, faire défoncer, dans un terrein frais, des quarrés de quatre pieds sur toutes faces, en Echiquier, sur des lignes espacées les unes des autres de quatre pieds; planter dans chaque quarré à la distance d'un demi-pied du point central, quatre boutures espacées les unes des autres d'un pied, de la maniere que nous indiquerons dans le Chapitre XVI. Si le terrein est un peu sec, on y mettra de petits plants de Peupliers d'Italie d'un an, tirés d'une Pépiniere dont la terre soit féche; on les coupera par le pied & on ne leur laissera que deux yeux hors de terre. La seconde année qui suivra le plantage, on aura soin, après les grandes gelées, de couper tous les jets & de ne laisser aux plants que trois ou quatre yeux : on les cultivera comme les Pépinieres, & ils donneront des pousses magnifiques. La troisiéme année on visitera, au Printems, le jeune Taillis, on en retranchera les petites branches, pour donner plus de force aux autres ; on fera par ce moyen, dès la quatriéme ou la cinquiéme année au plus, une coupe de Perches très-belles, qui serviront à faire des Pallissades, des hautes Perches, des Treillages & des Echalats pour les Vignes, dans les endroits où le Bois est cher. Nous avons éprouvé que ces Perches résistoient plusieurs années & qu'elles faisoient par proportion, autant de profit que les autres. Les Voleurs de bois, qui désolent pendant l'Hyver les Vignobles, n'emporteront jamais

ces bois blancs, tant qu'ils trouveront des perches de chêne. On pourra choifir lès perches
les plus droites pour faire des Plantards dont
nous parlerons ci-après; on réunira les brin-
dilles en fagots qui donneront le chauffage des
Jardiniers. L'année fuivante, avant la pouffe,
on donnera un labour. Ces Arbres repoufferont
pour lors vigoureufement, & on les mettra en
differentes coupes, dont on reglera l'âge, fur l'u-
fage auquel on les deftinera. Ces Taillis pourront fervir à faire des fabots, des barres & des
chevilles pour retenir le fond des futailles, du
paliffon, pour garnir les entre-voux, des che-
vrons, pour foutenir des couvertures légeres,
&c.

Quelques perfonnes prétendent qu'on peut
faire de fort bons cercles avec les perches de
cet Arbre, lorfqu'il a trois ou quatre années.
Nous croyons cela très-poffible, parce que
le bois en eft pliant. Nous comptons en faire
l'épreuve inceffamment.

Il eft conftant que les Plantations en Taillis feroient pour les Propriétaires un objet con-
fiderable de revenu, & nous ne fçaurions trop
les confeiller, furtout dans les terreins frais &
qui n'ont pas beaucoup de fonds; nous en
avons fait l'épreuve très-utilement. Il faut obferver feulement que pour faire ces fortes de
Plantations, on ne doit fe fervir que de boutures, ou de Plants de deux ans au plus; les
Plants plus gros réuffiffent rarement tranfplantés, lorfqu'ils font coupés par le pied.

Les Avenues, les Quinconces, & les lignes
de Peupliers ne font pas moins utiles aux Propriétaires que les Taillis; ces fortes de Plantations font infiniment plus agréables que les

premieres

premieres ; auſſi ont-t'elles été preferées juſqu'à preſent par tous les Cultivateurs. Nous traiterons dans notre dernier Chapitre de la maniere de les exploiter, & du profit qu'on en tire.

CHAPITRE VI.

Des propriétés de l'écorce, des feuilles & des yeux des différentes eſpeces de Peupliers. Uſage qu'on en fait en Medecine. Raiſons qui paroîtroient devoir determiner à donner la préference au Peuplier d'Italie ſur le Peuplier noir de France.

APRE's avoir conſidéré le Peuplier d'Italie comme un arbre d'ornement & comme un arbre intéreſſant par le profit qu'on en tire, nous croyons devoir dire que l'uſage qu'on en fait en Médecine ajoûte à ſon utilité.

Parmi les eſpeces de Peupliers dont nous avons parlé, celles qui ſervent en Médecine ſont le Peuplier blanc & le Peuplier noir de France. Nous croyons qu'on pourroit y ajoûter le Peuplier d'Italie & le Baumier. Les feuilles de Peuplier blanc en décoction paſſent pour émollientes & adouciſſantes. L'écorce eſt déterſive & aſtringente (*a*). On la regarde comme un ſpécifique contre la ſciatique, les difficultés d'uriner & la brûlure ; on s'en ſert extérieurement & intérieurement (*b*). Euſta-

(*a*) Abregé de l'hiſtoire des Plantes uſuelles de M. Chomel, tome 3, ſeconde claſſe. Plantes émollientes, article xviii. au mot *Peuplier*.

(*b*) Dictionnaire univerſel des drogues ſimples par M. Lemery, au mot *Populus*.

B

chius Rhodius nous apprend que les boutons de cet arbre cueillis au mois de May & gardés à l'ombre jufqu'à ce qu'ils ayent acquis une fubftance cotoneufe ou laineufe, pour ainfi dire, fourniffent un bon remede contre les hémorrhagies (*a*).

Le Peuplier noir eft d'un ufage plus familier que le blanc. On arrête quelquefois les vieux cours de ventre en prenant la teinture de fes boutons tirée avec l'efprit de vin. On en éprouve auffi de bons effets dans le traitement des ulceres interieurs. La dofe de cette teinture eft depuis un demi gros jufqu'à un gros, pris foir & matin dans une cuillerée de bouillon affez chaud (*b*).

Ces boutons appliqués extérieurement paffent pour très-propres à amollir, adoucir & calmer les douleurs ; ils donnent le nom au fameux onguent *populeum* qui eft d'un ufage familier & qui jouit de la plus grande réputation pour le traitement des hémorroïdes. Nous penfons qu'on en verra ici avec plaifir la compofition qui eft extrêmement aifée, que nous avons tiré du codex de Paris (*c*).

(*a*) Abregé de l'hiftoire des plantes ufuelles de M. Chomel, tome 3, feconde claffe. Plantes émollientes, article XVIII. au mot *Peuplier*.

(*b*) Hiftoire des plantes des environs de Paris par M. Pitton Tournefort, revûe & augmentée par M. Bernard de Juffieu, tome 2, 4e herborifation, au mot *Peuplier*.

(*c*) *Codex medicamentarius facultatis Parifienfis*, édit. 5e page 152.

ONGUENT POPULEUM.

Prenez, au printemps, une livre & demie
de boutons de Peupliers noirs, lorsqu'ils com-
mencent à s'ouvrir, & à montrer les pointes
de leurs feuilles. Ecrasez-les bien dans un mortier. Mettez-les ensuite dans un pot de fayan-
ce ou de terre vernissée en dedans, dont l'ouverture soit étroite. Versez dessus trois livres
de graisse de porc, nouvelle, bien lavée &
fondue au bain-marie; mêlez le tout; couvrez
le vase exactement, & placez-le dans un lieu
médiocrement chaud, où vous laisserez les
boutons de Peupliers en maceration dans la
graisse jusqu'à ce que les autres plantes qui
entrent dans l'onguent soient venues. A la
fin de May ou au commencement de Juin,
lorsque ces plantes seront en vigueur, prenez
des feuilles de pavot à graine noire, de man-
dragore, ou à son défaut, de belladoue, de
jusquiame, de joubarbe, de trique-madame,
de laitue, de bardanne, de violette, de nom-
bril de venus, & à son défaut d'orpin, des
sommités les plus tendres des ronces, de chacune tros onces, & des feuilles de morelles six
onces. Pilez dans un mortier ces plantes nouvellement cueillies. Mettez-les avec la graisse
& les yeux de Peupliers. Faites les cuire doucement & au bain-marie dans un vase couvert, en remuant de tems en tems jusqu'à ce
qu'il n'y ait plus d'humidité âqueuse; pressez
le tout; ôtez-en les feces; vous en exprime-
rez un onguent qui sera d'un beau verd,
que vous conserverez dans un pot vernissé en
dedans & bien couvert.

On peut appeller l'onguent dont nous venons de donner la description, l'*Onguent populeum composé*. Tragus ajoûte aux plantes qui y entrent, la racine de bryonia ou coulevrée ; d'autres y joignent encore l'opium & prétendent en augmenter beaucoup la vertu (*a*).

On se sert particulierement de cet onguent pour calmer les douleurs des hémorroïdes enflammées ; il procure souvent un calme très-marqué.

On peut y substituer un autre onguent appellé onguent *populeum simple* fait par la simple maceration des boutons de Peupliers dans la graisse de la maniere dont nous l'avons dit en parlant de l'onguent populeum composé.

Cet onguent simple peut être employé comme le composé ; ainsi ce que nous disons du composé, qu'on appelle populeum par excellence, peut s'entendre du simple. Le populeum procure quelquefois le sommeil en temperant les douleurs de l'inflammation ; il entre dans la composition de quelques baumes. On se sert du populeum mêlé avec de l'huile d'œuf ou même avec le jaune d'œuf pour guerir les brûlures occasionnées par la graisse, l'huile ou quelques autres liqueurs chaudes. On peut appliquer ce remede sur les mammelles, pour en dissiper l'inflammation ; on en frotte les parties malades.

L'onguent populeum mêlé en parties éga-

(*a*) Abregé de l'histoire des plantes usuelles de M. Chomel, tome 3, 2ᵉ classe, art. XVIII histoire des plantes des environs de Paris, tome 2, 4ᵉ herborisation, au mot *Populus*. Pharmacopée universelle par M. Lemery, pages 958 & 959.

les avec l'onguent rofat, l'onguent d'althæa
& le miel, auſſi parties égales, eſt appellé par
M. Soleyfel en ſon parfait Maréchal, Onguent
de Montpellier. Cet Auteur l'eſtime propre à
fortifier les parties affoiblies des chevaux (*a*).
quelques perſonnes prétendent que les feuilles
du Peuplier noir ſont bonnes pour adoucir
les douleurs de la goutte étant écraſées & ap-
pliquées ſur la partie malade (*b*).

Tous les Peupliers noirs ſont à proprement
parler des Baumiers, parce que leurs boutons
répandent une odeur agréable; c'eſt par cette
raiſon qu'on les emploie dans la compoſition
de quelques baumes. Il y a dans cette eſpece
des variétés qui ſont plus odorantes les unes
que les autres; tel eſt le Peuplier d'Italie, qui
a ſes boutons plus longs, plus viſqueux, plus
remplis de ſéve & plus odorants. Nous croyons
que cet arbre devroit être préferable, pour
l'uſage en medecine, au Peuplier noir ordinaire, qui contient moins de ſubſtance & de
baume. C'eſt au Corps des Medecins qu'il ap-
partient de juger cette queſtion.

Le Peuplier liard de Virginie & particulierement le tacamahaca, dont nous avons parlé dans
le Chapitre II. répandent à la vérité une odeur
plus agréable encore que celui-ci, & pourroient
lui être par conſéquent préferés; mais ils ſont
encore trop rares, & l'on ne pourroit pas raf-
ſembler une aſſez grande quantité de boutons
de ces arbres pour en faire uſage.

(*a*) Pharmacopée univerſelle de M. Lemery.

(*b*) Dictionnaire univerſel des Drogues ſimples
par le même, au mot *Populus*.

CHAPITRE VII.

Des vraies caufes du défaut de fuccès des plantations en général & particuliérement des Peupliers d'Italie. Précautions que les Cultivateurs doivent prendre pour s'affurer de la réuffite de leurs plants.

LA plûpart des Cultivateurs regardent les plantations comme l'objet de dépenfe le plus confidérable de leurs terres, & fe déterminent difficilement à planter, parce qu'ils font effrayés par l'incertitude de la réuffite. Les uns attribuent les pertes qu'ils font aux influences de l'air, les autres à la qualité de leur terrein qu'ils croient n'être pas convenable à l'efpece d'arbres qu'ils ont plantés. De la naît infailliblement le découragement. Nous voyons les plus belles terres, les plus agréables par leur fituation, être auffi défertes, auffi incultes que celles qui font fous la ligne.

Ce n'eft ni à la qualité des Terres ni à l'intemperie de l'air que les Cultivateurs doivent imputer leurs pertes; ils doivent les attribuer à l'avidité des Marchands qui leur vendent des plants élevés dans des Pépinieres chargées de fumier qui ne peuvent plus retrouver la même fubftance, qui n'ont pas été tranfplantés à propos, parce que la tranfplantation auroit retardé la vente, & qui fouvent font achetés de gens inconnus & ne font plantés qu'après avoir été fort long-temps expofés aux injures de l'air. Ces Particuliers dont la fortune eft bornée, toujours empreffés de recueillir & qui trompent fouvent par ignorance & quelquefois par befoin ou fur les efpeces d'arbres , particuliérement des fruitiers, ou fur la qualité des plants, font les vrais fléaux qu'on doit appréhender.

Depuis que nous avons fait connoître le Peuplier d'Italie, quantité de Marchands ont profité de la confiance des Cultivateurs qui leur ont demandé des boutures & ont porté l'avidité jufqu'à leur vendre cherement des branches de Peupliers de France pour celles de Peupliers d'Italie ; c'eft une faute dans laquelle l'ignorance ou le defir de gagner, les fait fouvent tomber. Nous avons nous-mêmes reçu des Peupliers de Canada pour des Peupliers de la Caroline, des Peupliers noirs pour des Peupliers liards de Virginie. D'autres qui avoient des Peupliers d'Italie, dans la crainte que pendant l'hyver on ne leur enlevât les boutures, les ont coupées dès l'Automne, les ont confervées dans les caves, & fous les hangarts, & les ont vendues au Printems à moitié féches ; d'autres enfin, qui ont fait des Pépinieres confidérables, ont tellement chargé leurs terres de fumier pour forcer leurs plants à poufler vigoureufement, & les mettre en état d'être vendus dès la 1ere année, que les verds blancs en ont perdus une partie, & que le refte, qui avoit une trop grande abondance de féve, & qui étoit par conféquent trop tendre, a été frappé par les premiéres ardeurs du Soleil, qui a jauni les arbres, les a defféchés & leur a laiflé des ulcères noirs. Nous en avons vu fortir des Pépinieres, qui dans toute leur hauteur avoient la partie expofée au Soleil, jaune & gangrenée ; & cependant, on tiroit de ces arbres des boutures qu'on vendoit encore fort cher & que le Cultivateur plantoit avec grand foin.

B iiij

Les boutures de Peupliers de France ont
donné des arbres courts, tortueux, foibles &
mal venans ; les autres ont péri en partie, &
l'on a rejetté fur le Cultivateur les fautes qui
devoient tomber fur le Marchand. Les plaintes
qu'on nous a faites nous ont déterminé d'abord
à faire part de nos boutures à quelques amis
qui nous en ont prié & qui en ont fait, avec
étonnement, la comparaifon auprès des autres. Enfin nous en avons donné une affez
grande quantité à la Pépiniere de Sens, où elles
ont été plantées fans fumier, dans un terrein
médiocrement bon & cultivées fuivant notre
méthode. Ces arbres qui font fous les yeux de
nos Concitoyens, fe font élevés dès la premiere
année à dix pieds de hauteur & à quinze &
feize à la feconde.

Tous ces faits qui font exacts, nous prouvent
combien il eft intéreffant de diftinguer foi-mê-
me les bons plants, de connoître les efpeces,
de s'affurer de la fidélité du Marchand dont on
fe fert, de le choifir parmi les plus aifés ; étant
impoffible, fi l'on n'a pas de gros fonds de remplir cette partie d'une maniere convenable &
fans avoir recours à des Etrangers dont on eft
dupe ; & de ne confulter jamais la-deffus des
Jardiniers, qui font intéteffés à choifir eux-
même à leurs Maîtres un Marchand avec lequel ils compofent pour avoir un bénéfice fur
chaque arbre qu'il leur vend.

Nous croyons que cette partie intéreffante
pour l'Etat, devroit être confiée, à des Com-
pagnies choifies dans les Bureaux d'Agriculture,
dont les membres zélés, inftruits & défintéref-
fés, fe réuniroient pour faire les fonds d'un établiffement de toutes fortes d'efpeces d'arbres &

y conduiroient chacun une partie. Ces Citoyens fe contenteroient d'un gain modique & feroient engagés par honneur à ne diftribuer dans le public que des plants de bonne qualité; il y a ici un établiffement de cette efpece, protegé par le Bureau d'Agriculture de cette Ville qui en a fait naître le projet. Cette Pépiniere confidérable, qui embraffe tous les arbres foreftiers, fruitiers, d'alignement & les arbriffeaux qui s'élevent en pleine terre, & dans laquelle on trouve des plants de différens âges & des boutures des efpeces & variétés que nous indiquons, eft fous la raifon du fieur *J. Sauvalle, Négociant, Affocié du Bureau d'Agriculture, rue Couverte, à Sens.*

CHAPITRE VIII.

Maniere de multiplier les Peupliers par les femences.

CHaque efpece de Peuplier a deux individus, un individu mâle, un individu femelle. Les individus mâles portent des fleurs attachées fur un filet commun, qui forment un chaton long, écailleux, de couleur rougeâtre ou blanchâtre. Entre ces écailles on apperçoit plufieurs étamines chargées de pouffiere & renfermées dans une pétale. Les individus femelles portent des fleurs difpofées comme celles des individus mâles & qui, au lieu d'étamines, ont un piftil formé par un embrion & un ftile divifé en quatre à fon extrémité; cet embrion donne une capfule oblongue, membraneufe, verte, qui s'ouvre en mûriffant en deux parties égales, recourbées, & y renferme des femences menues & aigrettées, qui tombent au printemps, avant les feuilles, comme les graines d'orme. Les femences de l'individu femelle ne font bonnes que lorfque le vent a porté fur lui les pouffieres de l'individu mâle ; il eft donc néceffaire d'avoir les deux individus & de les placer l'un auprès de l'autre, pour obtenir des graines qui puiffent multiplier l'efpece.

La difficulté de réunir les deux individus des variétés nouvelles, comme les Peupliers de la Caroline, de Canada, d'Italie, les blancs de Hollande & les Baumiers, a été jufqu'à préfent un obftacle aux épreuves que nous voulions faire fur les femences de ces arbres. Nous dirons donc feulement que, pour multiplier les Peupliers par les femences, il faut auffi-tôt qu'elles font mures, ce qui fe voit aifément, parce que les capfules s'entr'ouvrent, les femer dans un endroit frais & un peu ombragé fur des planches de quatre pieds de large au plus, bien épierrées, défoncées & meubles, & les couvrir d'un demi-pouce de terreau ; elles leveront fort vîte. Il fera néceffaire de leur donner des arrofemens fréquens la premiere année. Ces femences levent très-fouvent fous les arbres mêmes, fur-tout dans les Prés. Cette maniere de multiplier nous paroît trop lente pour la confeiller, elle ne conviendroit au plus que pour les variétés les plus rares des Pays étrangers, dont on ne pourroit fe procurer aucunes boutures, mais feulement des graines.

CHAPITRE IX.

Moyens de multiplier les Peupliers par les rejets.

LEs Peupliers ne fe multiplient pas feulement par les femences ; ils fe multiplient auffi par les rejets qui fortent du tronc, lorf-

qu'on les coupe en pied, ou de petites racines qui reftent en terre lorfqu'on a arraché
les arbres. L'expérience nous a appris que les
Peupliers qui font dans leur groffeur, & qu'on
abbat pour en faire du bois de fervice, ayant
perdu avec l'âge toute leur vigueur, ne portent
fur leurs troncs épuifés que des jets foibles, qui
s'élevent difficilement & qui ne font jamais de
beaux arbres ; il vaut beaucoup mieux arracher
les troncs qui, dans les endroits où le bois eft
cher, s'emploient utilement lorfqu'ils font fecs,
pour le fervice des cuifines. On doit avoir pour
lors la précaution de les faire fendre auffi-tôt
qu'ils font arrachés & pendant qu'ils font
encore verds ; ils fe débitent plus facilement.
Dans les Pays où le bois eft à bon marché, &
où il en couteroit trop pour les arracher, les
tranfporter & les dépecer, il faudra couper les
arbres le plus près de terre qu'on le pourra &
même faire un cerne autour pour les couper
plus bas ; lorfqu'ils feront abbatus on placera
un nouveau plant entre deux troncs ; on couvrira entierement de terre ces troncs, qui fe
pourriront bien-tôt & donneront aux jeunes
arbres un engrais excellent. Quand les Peupliers
font jeunes & qu'on veut leur faire donner beaucoup de jets, on peut très-utilement les couper
en pied ; ils pouffent vigoureufement, nous en
avons fait l'épreuve fur les Peupliers d'Italie.
Nous avons traité cet objet dans le Chapit. V.

Lorfqu'on laiffe les trous ouverts, après
avoir arraché les troncs, il refte toujours dans
la terre des racines qui pouffent, à la premiére
féve, une quantité prodigieufe de jets qui fem-
blent promettre beaucoup: Ces jets ne font pas
ordinairement mieux que ceux qui naiffent fur

les vieux troncs; ils infectent le terrein & ils l'é-
puisent inutilement. Pour éviter cet inconvénient il faut combler les trous & les petites racines ne prenant plus l'air périront aussi-tôt. Il y a
des Peupliers, tels que font les différentes variétés des Peupliers blancs, qui ne se multiplient
que de ces rejets ouplants enracinés qui sortent
des troncs ou qui naissent sur les racines autour
de l'arbre; il faut pour lors les labourer légerement, jusqu'à ce qu'ils soient un peu forts,
les arracher adroitement l'automne & les mettre ensuite en Pépiniere, comme les autres
Peupliers, à deux pieds sur toutes faces; ils se
fortifieront peu-à-peu avec les labours, & ils
deviendront en peu de temps de très-beaux
arbres. C'est ainsi qu'il faut cultiver le blanc de
Hollande, dont nous avons parlé dans le Chapitre II. & qui est préférable à toutes les autres
variérés de cette espece.

CHAPITRE X.

Méthode pour se procurer par les greffes sur le
Peuplier d'Italie les différentes espéces & varié-
tés de l'eupliers qui font les plus rares.

COmme les différentes variétés de Peupliers
étrangers augmentent tous les jours &
qu'elles font quelquefois très-rares, les Cultivateurs jaloux de se les procurer ne peuvent souvent en avoir des plants ni même des branches
dans les temps où la terre favorable semble
les inviter à lui confier de nouveaux trésors.
La greffe en écusson, qui est celle qui réussit le
mieux sur les Peupliers, & particuliérement

sûr celui d'Italie, nous fournit un moyen d'obtenir promptement les raretés dans ce genre.

Il faut pour cet effet, avoir de jeunes plants de Peupliers d'Italie d'un an. Faire venir au milieu du mois d'Août des branches nouvelles de l'espece étrangere qu'on veut greffer, & pour qu'elles ne souffrent pas dans le trajet & que la séve se conserve, faire couper les feuilles qui sont aux branches à deux doigts des yeux, les faire piquer dans un concombre ou dans un melon, ensuite les faire mettre dans une boëte. Aussitôt qu'elles seront arrivées on les greffera en écusson à œil dormant, le plus près de terre qu'il sera possible, afin que, lorsqu'on les mettra en place, on puisse enterrer la greffe, qui prendra racine & donnera une nouvelle force à l'arbre.

Tout le monde sçait que la greffe en écusson se fait, en insérant pendant la séve sous l'écorce d'un arbre un petit morceau d'écorce qu'on a détaché d'un arbre étranger ; cette partie d'écorce à la forme triangulaire un peu plus longue que large, à peu-près semblable à l'écu des anciens chevaliers ; ce qui lui a fait prendre le nom de greffe en écusson. Elle contient un œil ou bouton, qui se développe, lorsque ces deux parties ont fait corps ensemble ; c'est de-là que sort l'arbre qu'on veut se procurer. Pour greffer en écusson il faut prendre la branche sur laquelle on doit lever l'œil, faire une incision transversale de six à sept lignes de longueur jusqu'au bois à trois lignes au-dessus de l'œil, & deux autres incisions chacune de la longueur de dix ou douze pouces qui se terminent en pointe en forme de V ; alors en appuyant le pouce à côté de l'œil, de gauche à droite, ou de droite à gauche,

on détache facilement l'écusson. Il faut obser
furtout que l'œil foit plein, ce qui fe reconnoît
lorfqu'il eft refté une pointe de bois fur la par-
tie de la branche d'où l'on a détaché l'écuffon ;
c'eft de ce germe, refté dans le bouton, que
dépend le fuccès de l'opération. On fait enfuite
du côté oppofé au midi une incifion tranfver-
fale au fujet qu'on veut écuffonner & une
autre perpendiculaire en forme de T. de façon
à ne point endommager le bois ; puis avec le
manche applati du greffoir, on ouvre & ou
écarte doucement les deux levres ; on y in-
troduit l'écuffon qu'on rapproche de la lévre
fupérieure de la plaie qu'on a faite au fujet,
enforte qu'il n'y ait aucun corps étranger entre
l'un & l'autre. On lie bien le tout tant au-deffus
qu'au deffous de l'œil avec un fil de laine peu
torfe. La laine eft préférable à toutes les autres
ligatures, parce qu'elle fe prête plus volontiers,
lorfque la feve fe développe, au lieu que le
chanvre & l'écorce fe refferrent. On laiffe le fu-
jet dans cet état jufqu'au printemps. A la fin de
l'hiver on délie les écuffons ; lorfque la féve eft
en mouvement on coupe le fujet au-deffus de
l'écuffon en bec de flute, & il fe forme un nou-
vel arbre en peu de temps.

Il faut greffer les Peupliers beaucoup plus
tard que les autres arbres, parce qu'ils confer-
vent leur feve plus long-temps, & que lorf-
qu'elle eft dans toute fa force, fi l'on plaçoit
des écuffons fur les branches, elle les noyeroit.
Pour être fûr de la réuffite, il faut attendre la fin
de la féve, & confulter le fol, l'expofition & le
temps.

CHAPITRE XI.

Dé la multiplication des Peupliers par les Marcottes.

NOus avons indiqué dans le Chapitre précédent aux Cultivateurs, qui élevent des Peupliers d'Italie, les moyens de se procurer, par la voie des greffes, les variétés étrangeres, qui réussissent très-bien sur cet arbre précieux ; nous devons actuellement montrer à ceux, qui ont ces variétés curieuses, & souvent très utiles, & qui n'ont pas chez eux de jeunes plants de Peupliers en état de recevoir la greffe, ou sur lesquels la greffe a manqué, les moyens de les multiplier sur leurs propres souches.

Cette maniere n'est pas moins facile que les autres. Il est peu d'arbres qui dans leur premiere jeunesse ne poussent, au pied, des branches ou des rejettons ; ce sont ces mêmes branches dont il faut profiter en faisant auprès de chacune un trou dans la terre, & en y couchant le rejetton le plus avant qu'on le peut, sans le rompre ni le séparer du corps de l'arbre. On fixera ensuite ce rejetton au fond du trou, par le moyen d'une petite fourche de bois ; on mettra dessus un peu de terreau, & on remplira le trou de bonne terre, qu'on foulera bien avec le pied, afin qu'il n'y ait point de vuide entre la branche couchée & la terre. On observera de ne pas combler entierement le fossé, afin que les eaux des pluies & des arrosemens qu'il sera nécessaire de donner, s'il y a de la sécheresse, y puissent séjourner, tenir la

branche fraîche, & lui faire pouffer du chevelu. Pour s'affurer du fuccès, il faut couper
toute la branche qui fort de terre, à l'excep-
tion de deux ou trois yeux, qu'on lui laiffe ;
pour lors la féve étant retenue dans un efpace
plus court, a beaucoup plus d'action & la branche donne plutôt des racines. Cette opération,
qu'on appelle marcotte ou provignement, fe fait
au printemps quand les arbres font prêts à en-
trer en féve.

Lorfque l'arbre, dont on veut tirer des fu-
jets par les marcottes, n'a pas de rejettons dans
le pied, il faut prendre un pot ou un panier
percé au fond, y paffer une branche, foutenir
le vafe avec quelques pieux & un lien de fil de
fer, le remplir de terre franche, mêlée avec
un peu de terreau, couper la branche, comme
nous venons de le dire, & l'arrofer très-fouvent ; on aura, dans l'année, un arbre fait :
nous préférons les pots aux paniers, que la
féchereffe prend plus facilement ; d'ailleurs,
on ne peut jamais tirer les plants des paniers,
fans faire tomber toute la terre qui eft autour,
ce qui les retarde beaucoup, au lieu que les
plants fortent des pots en mottes, & ne fouf-
frent jamais lors de la tranfplantation. Si la
branche qu'on marcotte a de petites branches
collatérales qu'on veut conferver, il faut faire
fabriquer un pot de terre, qui foit fendu d'un
côté dans toute la longueur pour y faire paffer
la branche, fans endommager la tige ; on peut
même fabriquer des pots de terre divifés en
deux parties qui fe réuniront, par le moyen
d'un fil de fer, dans l'endroit d'où l'on voudra faire fortir la racine. Il y a des Cultivateurs qui fe fervent d'entonnoirs de fer blanc
qui

qui font ouverts d'un côté, par lequel ils font paffer la branche. Ces entonnoirs font foutenus par de petites baguettes, qui paffent dans des anneaux de fer blanc, placées en triangle, aux extrêmités: Cette méthode nous a paru fort bonne.

Les Curieux qui fuivent de près les différens mouvemens de la féve, placent les branches qu'ils veulent écuffonner, dans un vafe de verre à trois ou quatre pans à charnieres fermées avec des petites clavettes de fer ; ils rempliffent le vafe de terre, donnent de fréquens arrofemens, & voyent fenfiblement le chevelu fe former & prendre la couleur des racines.

Les marcottes réuffiffent à merveille fur le Peuplier d'Italie. Tous les autres Peupliers fe multiplient très-bien de même. Il y en a quelques-uns, comme ceux de la Caroline & de Canada, qui donnent des racines plus difficilement que les autres. Il faut, pour déterminer la féve, les cifeler, c'eft-à-dire, paffer un fil de fer autour de la branche, la ferrer fortement, fans cependant la caffer ; on arrêtera par ce moyen la féve & l'arbre pouffera plutôt du chevelu. On pourra laiffer ces marcottes deux années de fuite en terre & attachées à l'arbre, pour être plus affuré du fuccès.

Lorfque les branches ont pris racine, il faut les féparer de la mere, & les mettre en pépiniere comme les autres arbres. Quelques perfonnes les laiffent croître dans la place où elles font, elles pouffent plus vîte certainement, mais elles épuifent la mere, lorfqu'on ne les fépare pas. Quoique la tranfplantation retarde un peu les marcottes, il eft plus à propos de les enlever pour les mettre en pépiniere, parce qu'en les replantant, on coupe la croſſe, que les plants pouſſent enſuite des racines de tous côtés , & qu'ils réuſſiſſent plus facilement , lorſqu'on les plante à demeure. Nous avons vu pluſieurs fois, faire cette opération avec le plus grand ſuccès dans la pépiniere de Sens, où les arbres ſont élevés & cultivés avec ſoin.

On doit avoir attention , lorſqu'on achete des arbres de les rebuter , ſi le pied n'a qu'une maîtreſſe racine courbée & avec quelque chevelu. Ces arbres qui viennent de marcottes, & qui s'élevent fort vîte , tant qu'ils ne ſont pas ſéparés de la mere, reuſſiſſent rarement lorſqu'on les tranſplante.

CHAPITRE XII.

Maniere de multiplier les Peupliers par les plantards.

DE toutes les méthodes que nous avons indiquées, la meilleure & la plus utile pour multiplier les Peupliers noirs, & particulierement pour les Peupliers d'Italie, qui en ſont une variété, c'eſt celle des boutures. Nous en diſtinguons deux ſortes ; les grandes boutures ou plantards (*a*) dont nous parlerons dans ce Chapitre-ci, & les petites boutures, dont nous traiterons dans le Chapitre ſuivant.

Tous les Peupliers noirs ordinaires ſe multiplient communément en plantant, avec l'avant-pieu, des élagures de grands arbres. On choiſit pour cet effet, au printemps, lorſqu'on éla-

____

(*a*) Dans quelques endroits plantats & dans d'autres plançons.

gue de gros Peupliers, ce qui fe fait tous les trois ans, pour donner de la force au tronc, des branches les plus droites, les plus longues & les plus vigoureufes, qui ont par le gros bout fept ou huit pouces de groffeur, & dont l'écorce eft unie & vive ; on élague avec foin ces branches, & on ne leur conferve que la cime, qu'il eft effentiel de ne pas endommager. On les met enfuite tremper dans de l'eau, de la longueur d'un pied ou environ, pour mettre la féve en mouvement ; il ne les faut pas laiffer fort long-temps dans les endroits qui font infectés de rats d'eau, parce qu'ils rongent le bout, qui eft dans l'eau. Lorfqu'on les veut planter, il faut aiguifer le gros bout, avec une ferpe bien tranchante, & obferver de n'entamer le bois que d'un côté, afin qu'il refte de l'écorce dans toute la longueur. On fait enfuite des trous avec un avant - pieu de fer, de la profondeur d'un pied & demi. On y place les plantards, on remplit les vuides, s'il y en a dans les trous ; on les affermit avec le pied, autant qu'il eft poffible, & on les butte. Il faut prendre garde, en plaçant les plantards, que l'écorce ne fe détache, parce qu'ils ne prendroient certainement pas racines. On aura foin que l'avant-pieux ne foit pas trop petit, afin que la terre ne froiffe pas trop le pied du plantard, quand on l'enfoncera ; il ne faut pas qu'il foit tros gros, parce que s'il reftoit un vuide entre le pied de l'arbre & la terre, & qu'on ne le remplit pas, on feroit expofé au même inconvénient. On fera fort bien d'épiner ces jeunes plants dans les endroits où ils feront expofés aux beftiaux qui pourroient fe frotter auprès & les ébranler. Cette précaution éloignera

auſſi les enfans, qui s'amuſent ſouvent à les
écorcer & à les déraciner, & qui ne ſont pas
moins à craindre que les animaux qu'ils gar-
dent.

On laiſſe ordinairement une toiſe d'un plantard à l'autre lorſqu'ils ſont en lignes; ſi on les
place en quinconce, il faut donner neuf pieds
de diſtance de l'un à l'autre. Ces branches,
que nous ſommes dans l'uſage de planter à demeure dans les prés, ſur les bords des ruiſſeaux
& des étangs, & dans tous les terreins humides,
quoiqu'elles ſoient enfoncées à un pied & demi
de profondeur au moins, ne donnent ordinairement des racines qu'à ſept ou huit pouces
près de la ſuperficie, parce qu'elles cherchent
à s'établir dans la bonne terre & la plus meuble,
& que celle qui eſt au-deſſous a beaucoup
moins de ſubſtance. Nous avons vu pluſieurs
fois des Peupliers renverſés par le vent, ou arrachés avec les racines, & nous avons obſervé
que le bout du plantard qui ſe trouvoit au fond
du trou, étoit conſervé dans ſon entier &
dans la même groſſeur qu'il étoit lorſqu'on l'a-
voit mis en terre, & que la ſouche de l'arbre
qui étoit extrêmement groſſe ne commençoit
qu'à un pied près de la ſuperficie de la terre. Il eſt preſqu'impoſſible que des arbres élevés puiſſent, avec ſi peu de ſoutien, arriver
ſans accident au degré de groſſeur qu'on attend
d'eux; c'eſt ce qui fait auſſi que la plûpart des
Peupliers plantés de cette maniere, lorſqu'ils
ont acquis une certaine hauteur, ne peuvent
réſiſter à la force des vents qui les battent, &
que les Propriétaires perdent ſouvent en un
hyver des liſieres entieres d'arbres à moitié
formés dans le temps où ils s'accroiſſent ſen-

fiblement, & où ils donnent les plus belles espérances.

Un moyen fûr pour éviter ces pertes, c'eft de les planter d'abord en pépiniere à deux pieds fur toute face, dans une terre bien meuble & défoncée, comme nous le dirons ci-après, & de les y laiffer pendant une année au moins. Lorfqu'on les arrachera, comme le fonds de la terre de la pépiniere eft meuble, on trouvera du chevelu dans toute la longueur du pied de l'arbre, & fi la terre de la pépiniere ne s'eft pas trouvée affez fraîche & affez meuble pour faire pouffer à l'arbre des racines dans la partie la plus enfoncée, on aura foin de retrancher cette partie ; on plantera enfuite l'arbre dans un trou, à demeure de la maniere indiquée dans le Chapitre XIX. Ses racines s'étendront pour lors plus profondement, & il fera beaucoup moins fujet à être ébranlé par les vents.

Nous avons éprouvé avec fuccès les plantards de Peupliers d'Italie. Ils viennent parfaitement bien dans des terreins frais ; & ils fe foutiennent beaucoup mieux dans des terres féches que les Peupliers de France ; mais il faut avoir foin de prendre les plantards fur de jeunes plants de deux ou trois ans de pépiniere ; on les coupera par le pied, ils pouferont une quantité de branches vigoureufes ; on leur laiffera les plus belles qu'on coupera à la deux ou troifieme année pour avoir des plantards qu'on mettra en pépiniere comme nous l'avons dit auparavant.

M. Duhamel obferve (*a*) que fi l'on faifoit un plantard avec l'extrêmité de la tige d'un

(*a*) Traité des Semis & Plantations.

Peuplier, l'arbre qui viendroit de ce plantard s'é-
leveroit bien droit ; & qu'il n'en feroit pas de
même fi l'on avoit fait le plantard avec une
des branches de côté, qui étant prefque hori-
fontale, formeroit une recourbure, pour re-
gagner la perpendiculaire ; il conclut de-là,
que ne pouvant pas abbatre les montans prin-
cipaux des arbres pour en faire des boutures,
il faut choifir les branches qui ont une pofi-
tion plus approchante de la perpendiculaire &
qui ont le moins de recourbure. Cette remarque interreffante doit achever de déterminer
les Cultivateurs qui voudront élever les Peupliers d'Italie de plantards, à confacrer des
jeunes plants de cet arbre qu'ils tiendront dans
un bon terrein à une diftance de cinq ou fix
pieds les uns des autres, & qu'ils couperont
par le pied, pour avoir des plantards plus droits
& plus vigoureux que ne le feront jamais les
branches collatérales de la cime d'un grand
arbre.

CHAPITRE XIII.

*Manieres de multiplier les Peupliers d'Italie
par les Boutures ; Moyens de les tranfporter
fans qu'elles fe defféchent.*

LEs experiences que nous avons faites
avec fuccès fur les plantards des Peupliers
d'Italie, ne nous permettent pas de douter
de leur utilité & de leur progrès: Mais la difficulté de trouver des branches de cet arbre
affez fortes pour faire des plantards, les dé-
penfes qu'occafionne le tranfport, la crainte

qu'ils ne souffrent dans le trajet, parce qu'il est difficile de les emballer, & la facilité de trouver de petites boutures vigoureuses & qui donnent en peu de temps, de superbes plants, nous a toujours fait préferer ces petites boutures pour les plantations que nous avons faites. Cette voie qui nous a réussi est extrêmement aisée.

C'est à la fin de Février, ou pour mieux dire, à l'ouverture de la séve qu'on élague les Peupliers d'Italie, lorsqu'on destine les branches à en reproduire d'autres. Le Jardinier doit alors les couper auprès du tronc avec une serpette bien tranchante, pour ne pas faire de plaie à l'arbre.

Quelques personnes prétendent qu'il faut préferer l'automne, & planter les boutures dans le mois de Décemb. comme les arbres à demeure. Ce systême seroit aisé à détruire par le seul raisonnement, quand nous n'aurions pas l'expérience pour nous. Lorsqu'on plante les boutures en automne, la terre, après le premier labour, n'a pas été assez long-temps en repos pour s'ameublir ; les neiges, les pluies ne l'ont pas encore engraissée, la séve étant presque entierement retirée dans les racines les branches sont sans vigueur, & donnent par conséquent des boutures languissantes ; d'ailleurs la gelée qui souleve la terre pendant l'hiver, laisse un vuide entre la bouture & la terre, la branche nouvellement coupée n'a pas le temps de se cicatriser & elle est sujette à être pénetrée par le froid, s'il est considérable.

Il ne faut prendre, pour former des boutures, que du bois d'un an ; celui de deux ans est moins bon que le premier ; on ne doit en rebuter aucune, à moins qu'elle ne soit pas droite, & qu'elle n'ait pas un pied de longueur ; les petites boutures poussent fort souvent aussi-bien que les grosses. Si l'on craint qu'elles ne donnent un jet plus foible, on pourra les mettre dans un quarré séparé.

Ces branches ainsi choisies, on en forme un fagot ; on les met au niveau les unes des autres par le pied. On les lie, sans les trop serrer, en bas, au milieu, & à l'extrêmité, en plusieurs paquets, qu'on réunit ensemble, pour n'en faire qu'un seul dont la circonference soit égale partout ; on prend de la terre glaise détrempée dont on enduit les deux bouts, on les garnit de mousse bien exactement ; on met ensuite le paquet dans un panier d'osier fait exprès ; on garnit le dedans de foin ou de paille ; on le ferme avec un couvercle d'osier. On est assuré, avec ces précautions de transporter ce fagot partout où l'on voudra, sans qu'il puisse en souffrir.

On peut recommander aux Voituriers de faire jetter quelquefois de l'eau sur le panier, lorsque le trajet est long, qu'il n'y a pas de forte gelée à craindre, & qu'il fait beaucoup de vent & de hâle.

CHAPITRE XIV.

Quels Terreins on doit choisir pour former des Pépinieres de Peupliers d'Italie.

ON trouvera facilement des terres propres à former la Pépiniere ; un terrein gras & frais est celui qui convient le plus à la végétation des boutures. L'experience nous apprend qu'une terre trop humide est aussi nuisible aux plants, qu'une terre trop séche ; dans la premiere, l'eau qui séjourne au pied des boutures, les pourrit infailliblement ; dans la seconde, les plants ne trouvent pas assez de nourriture pour se soutenir, & les yeux, à peine développés, résistent rarement au soleil qui les frappe. Un terrein gras & frais porte avec lui toute la substance nécessaire pour entretenir la séve, préserver les jeunes plants des grandes chaleurs, qui peuvent les dessécher, & leur fournir tous les sucs nourriciers dont ils ont besoin pour prendre racine, & pousser les jets qu'on attend d'eux.

On doit observer que le terrein de la Pépiniere ne soit ni trop fort ni trop chargé de fumiers. Il faut cependant éviter, comme nous venons de le dire, de prendre une terre maigre & sans substance ; on n'en tireroit que des arbres foibles & languissans ; mais si l'on choisissoit un terrein gras & amendé, les plants accoutumés à une nourriture abondante ne réussiroient jamais si bien, lorsqu'ils passeroient dans une terre moins forte ; d'ailleurs, on auroit à craindre les chancres, & les gros vers blancs qu'engendre le fumier, & qui ravagent les Pépinieres. Cette remarque est essentielle pour toutes sortes d'arbres.

Nous ne sçaurions trop recommander à ceux qui veulent faire des plantations, d'élever les arbres chez eux. Les arbres tirés des Pépinieres domestiques, croissent toujours beaucoup mieux ; ceux que l'on prend chez soi, se trouvant dans la même terre, dans le même air, replantés aussi-tôt, réussissent toujours ; ceux au contraire qu'on fait venir de loin, se meurtris-

sent, & font souvent frappés par la gelée pendant le voyage. En prenant les arbres chez soi,
on est sûr de l'espece & de la qualité.

Ceux qui se trouvent à portée des ruisseaux,
peuvent y placer la Pépiniere, pour y faire cou-
ler l'eau dans les grandes chaleurs, & arroser les
boutures en les plantant. Si l'on est éloigné de
l'eau, il suffira de choisir au levant un fond
dont la terre soit douce, fraîche, & bonne jusqu'à deux ou trois pieds de profondeur. Les arbres y croîtront à merveille, & donneront dans
peu les plus belles esperances. La terre neuve
& reposée est la plus excellente de toutes.

Il faut éloigner la Pépiniere des chênes, des
ormes, des frênes, des noyers, & des autres
arbres dont l'ombrage & les racines peuvent
nuire aux jeunes plants : Il n'est pas moins
essentiel de la préserver des bêtes fauves.

CHAPITRE XV.

*De la préparation des Terreins destinés
à former la Pépiniere.*

COMME il est nécessaire de mettre la Pépiniere à l'abri des bestiaux, si elle n'est
pas dans l'enclos d'un jardin, il faut commen-
cer, au mois d'Octobre, par l'entourer d'un fossé
de six pieds de largeur, & de trois pieds au
moins de profondeur, & faire jetter toute la terre en dedans : ce fossé pourra couter quatre ou
cinq sols la toise, plus ou moins, suivant la nature du terrein. On plantera ensuite, en faisant
le fossé, au mois de Décembre & avant les gelées, deux rangs d'épines blanches, à six pouces l'un de l'autre, en sautoir, & on mettra

une diſtance d'un pied entre chaque rang. Si l'on entoure le plant d'une paliſſade, on fait des petits rayons d'un pied de profondeur ſur quatorze pouces de largeur tirés au cordeau. Ces rayons coûtent au plus neuf deniers les deux toiſes. On range le plant des deux côtés du rayon : on le recouvre de terre à deux pouces près du bord. Par ce moyen, les pluyes de l'hyver & du printemps pénétrent juſqu'aux racines, & rendent le plant bien plus vigoureux. Au commencement de l'été, lorſqu'on donne aux Peupliers un premier labour, on acheve de remplir les rayons. Cette manœuvre conſerve à la terre toute ſa fraîcheur, & empêche l'épine de ſe deſſécher.

Souvent les Particuliers qui font des plantations, ſoit pour éviter les embarras du choix de l'épine, ou pour ménager la dépenſe, font marché pour fournir & planter l'épine avec les Pionniers, qui ſe chargent des foſſés : cette prétendue économie ne ſçauroit tourner à leur avantage ; le mercenaire qui travaille à la tâche, néglige toutes les précautions néceſſaires pour la réuſſite des opérations qu'il entreprend, & ne cherche qu'à voir la fin de ſon ouvrage, pour en recevoir le prix. Il faut donc préferer de faire planter à la journée, dût-il en coûter beaucoup plus. Le journalier qui ne trouvera aucun profit à précipiter ſon ouvrage, le fera avec plus de ſoin : il avancera moins, ſans doute ; mais ſon travail ſera plus profitable à celui qui l'employera. On ne peut trop recommander de faire toutes les plantations à la journée, & jamais à la tâche, à moins que l'Entrepreneur ne garantiſſe le plant au moins trois ans.

Il faut ouvrir les rayons au mois d'Octobre ; ou plutôt dès que le fossé est fait, pour que la terre puisse s'ameublir dans l'intervalle qui reste jusqu'à la plantation de l'épine. Au mois de Décembre on achete le plant d'épine, qui se trouve dans les bois. On doit avoir soin de prendre du plant de graine, & jamais du plant de souche ; ce dernier ne réussit point. Il ne faut pas s'attacher à la grosseur ; pourvû qu'il soit arraché depuis peu de jours, & qu'il soit bien chevelu, il sera préferable au plus gros plant. On achete ordinairement le plant d'épine 36 à 40 s. le millier lorsqu'on le tire des bois. Celui des pépinieres coute 12 à 15 liv. mais il est infiniment supérieur au plant de bois, qui en général vaut très-peu de chose, parce que le plant qu'on prend dans les bois n'a qu'une seule racine, & presque jamais de chevelu, qu'il est élevé sans culture, qu'il croît à l'ombre & dans des terreins très-mauvais, ce qui le rend tortueux, qu'il est arraché sans précaution & par des Bucherons qui le laissent aux injures de l'air fort long-temps avant de l'exposer en vente ; qu'il est ordinairement vieux & sans vigueur & qu'il est brouté par les bestiaux. De quelque façon qu'on choisisse l'épine, on la plantera, comme je l'ai dit ci-dessus, en observant de la mettre tremper dans l'eau pendant une demi-journée, immédiatement avant le plantage.

Il seroit facile de ménager le terrein, si l'on étoit à l'étroit, en substituant au fossé une palissade : on liera pour lors de distance en distance, les perches qui servent de traverses avec un fil de fer passé au feu ; il soutiendra la palissade, & les perches en seront moins faciles à être volées par les païïans. Pendant que cette paliſſade durera, la haye, qui ſe trouvera en dedans, croîtra inſenſiblement, & ſera bien-tôt en érat de défendre les jeunes Peupliers des incurſions des beſtiaux, qui les ravagent.

Voilà notre Pépiniere exactement entourée; il eſt queſtion d'examiner quelles préparations elle exige pour recevoir les boutures qu'on veut lui confier. Si la terre qu'on a choiſi eſt en pré, ou en friche, il eſt à propos de l'écobuer; c'eſt-à-dire, d'enlever les gazons, les faire ſé-cher, les brûler, & en répandre la cendre ſur le terrein. Nous ne ſçaurions mieux faire que de renvoyer nos Lecteurs, pour cette opéra-tion importante, à l'excellent Ouvrage, dont M. le Marquis de Turbilly vient de nous en-richir ſur les Défrichemens *(a)*. La terre, ainſi préparée, & ſe trouvant dans le même état que les autres qu'on cultive journellement, il faut, au commencement de Février, ou dès le mois de Janvier, ſi le temps le permet, la faire défon-cer en entier de deux bons fers de bêche de profondeur *(b)*; c'eſt-à-dire, de deux pieds ou environ. Quand la terre qu'on deſtine à for-mer une Pépiniere eſt une terre écobuée, il eſt néceſſaire de la défoncer auſſi-tôt que la cen-dre eſt répanduë; ſans cela les ſels s'évapore-roient & elle deviendroit inutile. Ce défon-cement coûte 18 den. ou 2 ſols au plus la toiſe

_____

(a) Pratique des Défrichemens de M. de Turbilly, brochure *in-12*, à Paris, chez la Veuve d'Houry, Imprimeur-Libraire, Rue Saint Séverin, 1761, & Mémoire des Défrichemens par le même Auteur, même Libraire, 1761.

(b) Le fer de Bêche porte ici un pied de lon-gueur.

quarrée; nous en avons vû faire à 12 f. la perche de 18 pieds; au reste, le prix peut varier à l'inspection du terrein. Pour bien défoncer, il faut commencer par faire un trou de la profondeur qu'on veut donner au défoncement, y placer devant soi la terre qu'on ôte en faisant un trou de la même profondeur, & continuer toujours de même en rétrogradant jusqu'au bout du terrein. On laisse ensuite reposer la terre depuis le mois de Janvier jusqu'à la fin de Février; les pluyes, les gelées, les neiges, l'ameublissent, & la rendent propre à recevoir les boutures.

La Pépiniere n'exige aucune autre préparation que celles dont je viens de parler: il faut bien se garder d'y mettre, ni fumier, ni terreau; toute l'attention qu'on doit avoir se réduit à ne pas choisir un terrein qui soit usé.

CHAPITRE XVI.

Du temps convenable pour planter les Boutures dans les Pépinieres; Méthode pour les placer avec ordre, & utilité.

J'AI dit, dans le Chapitre précedent, qu'il falloit choisir les boutures à l'ouverture de la séve: avant de les planter, il faut donner à la terre une nouvelle façon avec la bêche, pour remuer encore la superficie. On coupe ensuite des boutures de la longueur d'un pied; on les taille par le haut en bec de flute, & en observant de laisser de l'écorce d'un côté. Quelques-uns séparent du corps de l'arbre, la branche qu'ils destinent à faire une bouture, en l'éclatant adroitement dans la partie qui se joint au tronc, il reste pour lors un bourlet d'écorce au pied de la bouture qu'on enfonce en terre, & elle reprend beaucoup plus facilement ; mais on risque de perdre l'arbre, & à moins que les boutures ne prennent difficilement, ce qui n'arrive pas à celles des Peupliers d'Italie, nous ne conseillons pas d'user indifféremment de cette méthode, qui laisse à l'arbre des plaies profondes. De quelque façon qu'on fasse les boutures, il ne faut jamais les tordre par le gros bout, comme quelques personnes le prétendent ; on a éprouvé que cette torsion faisoit mourir la branche, au lieu de l'aider à pousser des racines.

En taillant les boutures, il faut les mettre dans l'eau, & les y laisser pendant une demi-journée, plus ou moins, suivant le trajet qu'elles ont faites. L'eau fait monter la séve, & tient fraîche les boutures qu'on plante à mesure qu'on les en tire.

Pendant que les branches ainsi disposées, seront dans l'eau, le Jardinier prendra le cordeau, & si le terrein de la Pépiniere est étendu, il le partagera en plusieurs quarrés égaux, séparés les uns des autres par des allées de 15 pieds au moins de largeur, pour que les voitures puissent tourner autour, lorsqu'il sera question d'enlever des arbres. Il laissera ensuite un pied au bord de la plate bande ou quarré ; il tirera son cordeau bien ferme, & par le moyen des piquets qui seront aux deux extrémités, il le fixera en les enfonçant en terre ; puis avec le manche d'un rateau, il tracera le long du cordeau une raie ou sillon profond dans la terre : il levera ensuite ce cordeau, le

replacera à deux pieds du premier sillon ; &
après l'avoir fixé, il formera, avec son outil,
une nouvelle raie le long de la corde, & ainsi
successivement jusqu'à la fin du quarré. Après
avoir tracé en long tout ce quarré, il répétera
le même ouvrage dans la largeur : on appelle
cette manœuvre *mailler le terrein:* insensiblement
par ce moyen, cette partie se trouvera partagée
également en petits quarrés égaux de deux pieds
sur toutes faces ; il prendra ensuite un plantoir
ou pieu de fer, fait exprès de deux pieds de longueur, recourbé par le haut, & un peu pointu
à l'autre extrêmité. Ce plantoir doit avoir trois
ou quatre pouces de circonférence. Il passera
dans tous les petits quarrés avec cet outil, & il
l'enfoncera dans les angles de chacun d'eux à
un pied de profondeur : il seroit à propos, pour
qu'on n'enfonçât pas ce plantoir trop avant, ce
qui pourroit faire un grand tort aux branches,
en laissant du vuide dans la terre, qu'on fît au
plantoir, un rond un peu large pour l'arrêter,
lorsqu'il seroit enfoncé de la profondeur d'un
pied en terre.

Quand les trous seront faits, on ira prendre
les boutures, & on les mettra dans des vases
avec de l'eau. On ne doit tirer les branches de
l'eau que dans l'instant qu'on les plante ; si elles
prenoient le hâle pendant qu'elles sont mouil-
lées & toutes en séve, cela leur seroit le plus
grand tort.

Il est très-essentiel d'observer de ne pas planter les boutures ni même les arbres quand le
vent du Nord souffle. Le froid de glace dont
il pénetre les plants qui sont pour lors dans un
état de langueur & qui n'ont pas assez de force
pour résister les desséche entiérement.

Pour

Pour bien planter les boutures, il faut les enfoncer dans les trous de la profondeur d'environ 11 pouces, & ne laisser que deux ou trois yeux au plus en dehors ; on presse bien exactement la terre avec les doigts autour de la branche qu'on vient de planter ; on l'arrange de façon qu'elle se trouve comme au milieu d'un vase un peu profond. Cette petite manœuvre qui n'est point longue, & qui ne demande que de l'usage, n'est pas moins utile que les autres. Elle conserve les eaux des pluies & des arrosemens, si l'on est à portée d'en faire, & elle tient le jeune plant toujours frais.

En observant, pour le plantage, les regles que nous venons de prescrire, on aura une Pépiniere aussi agréable qu'utile. Rien ne plaît davantage aux yeux des Cultivateurs, que des plants bien arrangés ; ceux-ci se trouveront placés dans un ordre si parfait qu'ils formeront le quinconce le mieux marqué, & donneront des allées sur toutes faces. La distance qu'on laisse entre chacun leur suffira pour trouver dans le terrein la substance nécessaire à leur accroissement ; & l'on doit être assuré qu'en trois ans, on tirera de cette Pépiniere les arbres les plus beaux & les plus droits.

On pourroit se contenter, si l'on étoit renfermé dans un terrein étroit, de laisser 18 pouces entre chaque arbre : on voit des Pépinieres de Peupliers d'Italie, où l'on n'a pas laissé plus d'espace, & où les plants sont fort bien venus. Cependant, nous recommanderons toujours d'y laisser deux pieds, l'arbre ayant plus de nourriture, profitera davantage. Si l'on mettoit les plants à 18 pouces, on les leveroit difficilement parce que les racines s'entrelasseroient les

unes dans les autres & nuiroient beaucoup lorfqu'on voudroit cultiver des arbres.

CHAPITRE XVII.

Culture des Peupliers d'Italie pendant qu'ils font en Pépiniere.

PEu de temps après que les Peupliers auront
été plantés, on verra les boutons s'ouvrir, &
fe développer. C'eſt alors que, ſi la terre n'eſt
pas aſſez fraîche pour entretenir la féve, on
peut l'aider par quelques arroſemens, juſqu'à
ce qu'on puiſſe croire qu'ils ont pris racine. Au
contraire, dès qu'on eſt ſûr qu'ils font enracinés, il n'en faut plus faire aucuns ; ils s'accou-
tumeront peu-à-peu à ſe contenter de la pluie
& de la roſée & ils n'en vaudront que mieux.

Les arroſemens doivent être faits le ſoir ; en
les faiſant le matin, ou dans le milieu du jour,
on expoſeroit les plants, qui ſeroient mouillés,
à être flétris par la ſoleil.

On doit donner aux Peupliers, pendant qu'ils
font en Pépiniere, trois ou quatre labours par
an. Les labours étant faits pour ameublir la terre,
& détruire les mauvaiſes herbes, c'eſt au Jardinier à en fixer le temps ſur les beſoins de la Pépiniere qu'il conduit ; on donne ordinairement
le premier labour en Mai, le ſecond à la fin de
Juin, le troiſiéme à la fin d'Août ou au commencement de Septembre ; ce font les circonſ-
tances, & la nature du terrein, qui déterminent
à en faire plus ou moins. Tous les labours doivent ſe faire légerement, pour ne pas pénétrer

juſqu'aux racines. On ſe ſert, pour cette opération, d'une houe, marre ou binette. Voilà où
ſe réduit la culture de la premiere année.

Les Peupliers pouſſeront, pendant cette premiere année, deux ou trois jets ; il faut les
laiſſer croître. Si, dans la vûe de les faire profiter davantage, on coupoit pendant l'Eté ces
jets, & qu'on n'en laiſſât ſubſiſter qu'un ſeul, la
ſéve pourroit s'évaporer par ces ouvertures qui
feroient infailliblement beaucoup de tort à l'arbre. Voici le moindre inconvénient qui en ré-
ſulteroit ; inconvénient, ſans doute, eſſentiel
à éviter, en ſuppoſant même que les plaies puſ-
ſent ſe refermer auſſi-tôt, & que le ſoleil ne pé-
nétrât pas l'arbre, dès que la ſéve accoûtumée
à ſe partager en pluſieurs branches, ſe trouveroit réduite à en nourrir une ſeule, elle s'y por-
teroit en trop grande abondance, & ne joueroit
plus dans le corps de l'arbre, pour le faire
groſſir ; elle l'éleveroit, ſans lui laiſſer prendre
de force ; il deviendroit grand ; mais il ſeroit
mince, fluet, & plus ſujet à être entraîné par
les vents, parce que ſes racines s'étendroient
moins ; on ne doit donc élaguer l'arbre que
l'hiver ſuivant.

Si l'on deſtine les élagures à multiplier l'eſpece, il faut retarder l'ouvrage juſqu'à la fin de
Février, & lorſqu'il ne gêle plus. On choiſit
alors le plus beau jet pour former la tige ; on
n'y touche point ; on coupe tous les autres qui
ſervent, comme je l'ai dit au Chapitre XIII, à
multiplier l'eſpece ; on en repique en même-
temps dans les places où il en a manqué. A l'é-
gard des labours, on doit ſe conduire cette ſeconde année comme la premiére.

D ij

La troisiéme année on n'élaguera point les arbres, à moins que les branches d'en bas ne soient trop grandes, & qu'elles ne nuisent aux ouvriers : les branches qui croissent le long de l'arbre arrêtent la séve & le fortifient ; si on les élague, il est important de ne les pas trop décharger, & de laisser les plus bas brins, & toujours un nœud entre deux, pour que l'arbre prenne du corps.

Ce n'est ordinairement que la quatriéme année ou au plutôt la troisiéme, & lorsque ces Peupliers ont acquis une certaine force, c'est-à-dire, lorsqu'ils ont deux ou trois toises de hauteur, & six à sept pouces de circonférence par le pied, qu'on les transplante. Comme les racines du Peuplier d'Italie sont fort tendres les premieres années, nous nous étions persuadés qu'il y auroit quelque danger à les transplanter avant que les arbres fussent très-forts, mais l'expérience nous a appris qu'avec quelque soin lors de l'arrachage on peut transplanter les boutures reprises même l'Automne qui suit leur plantation, nous n'en n'avons jamais perdu une seule. Un Cultivateur très-éclairé nous mande qu'il a planté des Peupliers d'Italie de deux ans de boutures, que la nouvelle terre les a fait pousser vigoureusement, & que ces mêmes boutures qui ont actuellement trois ans, ont 25 pieds de hauteur. Nous conseillons cependant d'attendre pour les transplanter, après les quatre ans révolus, si l'on veut les mettre en avenues. On sera bien dédommagé de l'attente par la force qu'ils acquerront en restant dans la Pépiniere une année de plus, pendant laquelle on en prendra le même soin que la précédente.

Si, après avoir arraché les Peupliers pour

en planter à demeure, on deſt ne le même terrein à faire une nouvelle Pépiniere, il eſt à
propos de le laiſſer repoſer pendant deux ans,
& de le faire cultiver pendant cet intervalle,
comme s'il étoit planté ; cette attention ſuffit
pour le remettre en état de recevoir des plants
la troiſiéme année.

CHAPITRE XVIII.

Choix & préparations des Terreins où l'on plante
les Peupliers à demeure.

LEs Peupliers d'Italie ſe plaiſent preſque
dans tous les terreins, à moins qu'ils ne
ſoient ou trop ſecs, ou trop pierreux. Les prés,
les vallons, les bords des ruiſſeaux, les terres
fraîches & graſſes, paroiſſent leur convenir davantage ; ils y deviennent de la plus grande
beauté.

On peut planter les Peupliers en bordures le
long des prés, ou en quinconces dans des terreins qu'on deſtine à former des maſſifs d'arbres. Si l'on en fait des bordures dans les près,
il faut les mettre au nord, & au couchant du
pré, & ne les placer jamais au levant, ni au midi, parce que leur ombre empêcheroit l'herbe
de pouſſer ; pour que leurs racines ne prennent
point les ſucs de la terre, on fera bien de les ſé-
parer du pré par un ruiſſeau, ou un foſſé ; avec
cette précaution, qui eſt néceſſaire po r tous
les arbres qu'on plante le long des prés, ils donneront toujours la même quantité d'herbes ; le
Propriétaire doublera ſon revenu, & le Fer-
mier n'en ſouffrira pas.

D iij

On ne sçauroit donner de regles précises sur la distance qu'on doit laisser entre ces arbres ; il faut pour cela consulter le terrein, & les vues de celui qui les plante. Les Peupliers d'Italie, pour former une belle tête, veulent être plantés à six pieds au moins les uns des autres quand le terrein est bon ; par ce moyen leurs racines qui s'entrelasseront les préserveront de l'ébranlement qu'occasionneroient les grands vents , ils feront mieux le rideau & leurs branches étant pyramidales ne se nuiront point. Si on les plante en quinconce, il faut les éloigner de dix à douze pieds les uns des autres ; on aura, par ce moyen, des promenades qui ne céderont en rien aux tilleuls.

Lorsqu'on a fait choix du terrein , on doit , au mois d'Octobre, faire ouvrir des trous de quatre pieds en quarré sur deux pieds & demi de profondeur, & faire séparer la bonne terre, qui est celle de la superficie, d'avec celle du fond ; ces trous coutent cinq liards (*a*), en se servant des Pionniers, qui en font jusqu'à vingt par jour dans une terre douce ; ils restent ouverts jusqu à la plantation. Si la terre est bonne & bien cultivée, & qu'on ait beaucoup d'arbres à planter, on peut, pour ménager la dépense ; réduire ces trous à trois pieds en quarré sur deux pieds de profondeur, ils ne couteront pour lors qu'un sol chacun ; mais nous conseillerons toujours de les faire de quatre pieds ; plus l'ouverture est grande, plus les neiges, & les pluies y apportent de sels qui se communiquent aux arbres & les fortifient. D'ailleurs,

_____

(*a*) Tous les prix indiqués dans ce Mémoire, font ceux des Ouvriers que nous avons employés dans les environs de Sens.

la terre de la fuperficie fe trouvant au fond du trou, fera un lit plus large autour des racines, ce qui rendra les arbres plus vigoureux. Ceux qui pourront donner plus de profondeur aux trous feront très - bien de ne pas ménager cette dépenfe.

CHAPITRE XIX.

Du temps, & de la maniere de planter à demeure les Peupliers d'Italie.

LEs Peupliers d'Italie fe plantent en autom-ne, c'eft-à-dire, depuis le mois de No-vembre jufqu'à la fin de Décembre, ou depuis la chûte des feuilles jufqu'aux premiéres gelées; & à la fin de l'hiver, c'eft-à-dire, depuis le mois de Février, lorfque les gelées font ceffées, jufqu'à la fin de Mars au plûtard; les plantations qu'on fait en Avril réuffiffent rarement; il vaut mieux les faire en automne, parce que l'arbre pouffe des chevelus pendant l'hiver; lorfqu'on attend au printemps, on ne fçauroit commen-cer trop-tôt, fi le temps eft favorable.

Quoique les plantations du Printemps foient en général moins bonnes que celles d'au-tomne, cependant il y a des terreins dans lef-quels il faut les préférer fans balancer. Tels font les terreins frais, humides, marécageux, qui retiennent l'eau pendant l'hiver, dans lefquels on ne peut planter en automne fans s'expofer à perdre les arbres, furtout fi la faifon eft hu-mide & fi l'eau y féjourne, parce que les raci-nes que la tranfplantation a fait fouffrir, & qui ne font pas encore accoutumées au terrein, étant imbibées d'eau, pourriffent avant que de pouvoir pouffer du chevelu. Il faut même, en plantant les arbres dans ces terreins, faire au pied une butte de fix pouces & même plus de hauteur & faire des rigolles entre chaque rang pour éloigner les eaux. On fait pour lors ces petits foffés avant les trous pour donner de l'écoulement aux eaux. Et on fait des trous peu profonds mais fort larges fur les ados des foffés.

Dans les terreins fecs on plante dès la fin d'Octobre, dans des trous faits de bonne heure ; fi les plantations font en pente, on peut faire des rigoles en travers, entre chaque rang d'arbre pour conferver les eaux plus long-tems & les faire defcendre au pied des arbres qu'on enfonce d'avantage & dont on ne remplit pas entiérement les trous.

Avant qu'on plante les arbres, il faut, comme nous l'avons dit, remplir le fond des trous avec la bonne terre mife à part. On les arrache enfuite le plus adroitement qu'il eft poffible, pour ne pas endommager les racines, ni rompre le fommet de l'arbre, ce qui eft effentiel pour les Peupliers ; on élague les petites branches qui fe trouvent le long de l'arbre, depuis le bas jufqu'à la hauteur de huit ou dix pieds ; on coupe le pivot, on taille le bout des racines en bec de flûte par-deffous, & feulement pour les rafraîchir ; on n'en laiffe aucune qui foit froiffée, déchirée, ou rompue.

Si l'on tranfporte les Peupliers, il faut avoir foin de garnir de paille les racines qui font encore tendres, de peur que, s'il vient de la gelée dant le voyage, elle ne les frappe ; on fera très-bien de les arranger avec précaution dans les voitures, & de mettre un peu de paille fous les cordes qui retiendront les arbres & fur les côtés, pour éviter le frottement pendant le trajet, furtout s'il eft long ; on les couvrira de terre en arrivant, fi le fonds des trous n'eft pas encore rempli ; lorfque cette opération fera faite on taillera les racines qui ne doivent jamais l'être quand on tranfporte les arbre, que lorfqu'on eft prêt à les planter ; fi elles font flétries on les coupera un peu plus près du tronc.

On doit laiffer le moins de temps qu'il eft poffible entre l'arrachage & la tranfplantation ; ainfi, avant que les arbres arrivent, tout doit être préparé pour les planter auffi-tôt.

Lorfque le fond du trou eft rempli de bonne terre, on y place l'arbre ; on arrange fes racines fuivant leur ordre naturel, fans les gêner ni les preffer l'une contre l'autre ; on remplit avec de la bonne terre, prife fur la fuperficie, & autour du trou, tous les vuides qu'elles laiffent ; on les recouvre de cette même terre ; on aggrandit le trou, en donnant cinq ou fix coups de crochet à deux dents, pour en abbatre tout le tour ; avec cette terre on fixera l'arbre, & on le couvrira à un pouce ou environ du bord. On peut y mettre auffi des feuillages de toutes efpeces & des gazons à moitié confommés, ou même tous verds, pourvu qu'ils foient bien morcellés.

Avant que de finir ce Chapitre, voici une remarque importante, & qui a échappé jufqu'à préfent à la plûpart de ceux qui ont écrit fur les plantations ; c'eft qu'il eft néceffaire de ne pas trop enfoncer les arbres en les plantant (a) ;

(a) Le fçavant M. Duhamel, qui force la nature à lui réveler fes fecrets les plus cachés, n'a pas obmis cette Note intéreffante dans fon Traité des Semis &

plufieurs périffent par l'ignorance des gens de campagne, qui ont la manie de mettre jufqu'à un pied & demi de terre fur les racines. Nous avons obfervé en général, fur tous les arbres de différentes efpeces que nous avons planté, qu'il ne falloit les enfoncer qu'un pouce plus avant qu'ils l'étoient en pépiniere ; ils auront plus de fix pouces de terre fur racines. Si cependant la terre eft trop légere, & fujette à être prife de féchereffe, on pourra les enfoncer davantage, comme nous venons de le dire ; il eft néceffaire, en plantant, de fouler un peu la terre ; fi l'on y manquoit, les pluies l'affaifferoient, & l'arbre fe trouveroit déchauffé.

Quelques perfonnes mettent aux Peupliers des tuteurs de fix pieds pour les retenir, lorfqu'ils font expofés à être battus par les vents. Comme cet arbre n'eft pas caffant, & qu'il craint peu les vents, nous croyons que cette précaution, qui eft couteufe, eft fort inutile ; fi on met des tuteurs, en les attachant, on doit avoir foin de placer un peu de mouffe entre le tuteur & l'arbre, & d'en mettre auffi entre le lien & l'arbre. Nous ne fçaurions trop recommander de garnir d'épines les plants s'ils font expofés ; on peut voir ce que nous avons dit là-deffus au Chap. XII.

Il ne faut jamais couper par le pied les Peupliers d'Italie lorfqu'on les tranfplante & qu'ils ont trois ou quatre ans. Ces arbres pouffent à la vérité une grande quantité de jets, mais ils font foibles, & celui qu'on deftine à s'élever, recouvre difficilement la plaie du pied qui eft trop grande.

Plantations, imprimé chez Guérin, rue S. Jacques à S. Thomas d'Aquin.

Tout le monde fçait que la luzerne & le fainfoin font périr les arbres ; on évitera d'en femer fous les Peupliers d'Italie ; ces plantes vo-
races enleveroient toute leur fubftance , & les
feroient périr infenfiblement ; ils s'accommo-
deront fort bien de toutes les autres plantes
qui n'ont pas des racines auffi profondes que
celles-ci. La luzerne eft encore plus dange-
reux que le fainfoin.

CHAPITRE XX.

De la Culture des Peupliers d'Italie plantés à demeure.

PLUSIEURS de ceux qui font des plantations regardent les labours qu'on donne
aux arbres, comme un tribut annuel que les
Jardiniers leur impofent, pour multiplier **la**
dépenfe , & fe procurer de l'ouvrage dans
toutes les faifons. Les vrais Cultivateurs fen-
tent la néceffité de ce travail , & difent tous
qu'on ne fçauroit trop le répéter. En effet, les
labours ameubliffent la terre , détruifent les
mauvaifes herbes, font paffer dans les racines
des arbres des fucs nourriciers qui les rani-
ment & fuppléent aux arrofemens. Les Jardiniers doivent avoir foin de prendre un temps
convenable, pour que ces labours foient profi-
tables.

La premiere année qui fuit le plantage, on
ne peut fe difpenfer de donner deux ou trois
labours aux arbres plantés à demeure. Ceux
qui en donneront trois fuivront la regle pref-
crite pour la culture des Pépinieres ; fi l'on fe

reſtreint à deux, on en fera un à la premiere ſéve, & l'autre à la ſeconde.

L'hyver ſuivant on viſitera les arbres, & on coupera les branches que la tranſplantation aura pû faire mourir; au printemps on leur donnera un labour, & un ſecond à la ſéve d'Août; ils n'en pouſſeront que mieux, & rendront bientôt cette dépenſe avec uſure.

Il ſeroit difficile avec les meilleures raiſons, de perſuader aux Propriétaires de labourer les autres années les Peupliers d'Italie. L'uſage où l'on eſt de ne jamais cultiver les Peupliers de France, quelque mauvais qu'il ſoit, prévaudroit ſans doute ſur tout ce que nous pourrions dire en faveur des labours. Lorſqu'on connoîtra l'utilité de ces arbres, & qu'on en aura tiré tout le profit que nous annonçons, l'expérience, & le deſir de s'en procurer bientôt une nouvelle coupe, feront plus d'impreſſion que tous les argumens poſſibles.

On fera bien de ne pas élaguer les Peupliers d'Italie; moins on élague ces arbres plus ils deviennent gros, & ſont à l'abri des vents; quand on le fait, il faut ôter du corps de l'arbre les plus groſſes branches, celles qui enlevent au tronc une trop grande quantité de ſéve; mais il faut ſe garder de les dépouiller entierement, parce qu'ils s'éleveroient trop haut en proportion de leur groſſeur, & qu'ils ne prendroient pas aſſez de corps. D'ailleurs les branches ſont la parure des arbres, & particulierement de celui-ci, & ſi l'on ſe détermine a les couper, on le prive de tout leur agrément.

De bons Cultivateurs ont obſervé que chaque branche intégrante d'un arbre correſpond à une racine ou radicule qui lui eſt propre. En partant de ce principe, qui nous paroît vrai, il est certain qu'en détruisant beaucoup de branches latérales, nous détruisons par conséquent un nombre égal de racines, qui, par leur accroissement auroient contribué à donner à l'arbre plus de vigueur, plus d'épatrement, & qui l'auroient mis en état de se défendre contre les secousses violentes du vent. Ce n'est pas seulement de leurs racines que les arbres tirent la substance qui les nourrit, les branches & les feuilles reçoivent les influences de l'air & contribuent sans cesse à la végétation. Ainsi, s'il est essentiel de conserver les racines, il n'est pas moins intéressant de conserver les branches, puisqu'elles portent dans le corps des arbres des sucs nourriciers qui cooperent à leur accroissement.

Nous croyons qu'on fait beaucoup de tort aux arbres des grands chemins en les élaguant jusqu'à leur cime. Ces arbres élevés dans les pépinieres royales qui sont des terres choisies & chargées de fumier, ont assez de peine à s'accoutumer aux différens terreins dans lesquels on les plante, & ne devroient pas être privés des nouvelles branches qu'ils donnent après la plantation, à moins qu'elles ne fussent ou trop basses ou malfaites ou *gourmandes*; on pourroit les élaguer jusqu'à la hauteur de 15 ou 18 pieds, lorsqu'ils ont acquis une certaine force. Nous ne verrions plus ces arbres qui, indépendamment de leur utilité doivent servir à la decoration, mutilés & déshonorés, devenir minces, fluets & sujets à être brisés par les vents.

CHAPITRE XXI.

*Maniere d'exploiter les Peupliers d'Italie , lorf-
qu'ils font parvenus à leur groffeur. Profit qu'on
en tire. Différence de les vendre fur pied , ou
de les exploiter.*

APRES 20 ans de plantation , communément les Peupliers d'Italie, ainfi cultivés,
feront très-gros, & par conféquent, en état
d'être coupés. Il faut donc mettre les Cultivateurs à portée d'en tirer tout le profit que méri-
tent les foins qu'ils fe font donnés pour réuffir.

On peut vendre les arbres fur pied, ou les
exploiter ; il eft queftion d'examiner, par un
calcul exact, lequel des deux on doit préférer ;
c'eft ce que nous nous propofons de faire dans
ce Chapitre.

Nous fuppofons notre arbre de la groffeur
d'un muid : un Peuplier noir de France, de
cette force , porte ordinairement 70 à 80
pieds de hauteur ; il fe vend fur pied 20 liv.
quand il eft d'une belle venue, & 12 liv. s'il a
des défauts.

Pour qu'on ne puiffe pas nous accufer d'a-
voir forcé l'eftimation, réduifons notre arbre
à 50 pieds.

Voyons à préfent combien on en tire de
planches, & ce qu'il en coûte pour l'exploiter.

Un Peuplier d'Italie bien droit, peut faire
fix ou fept billes de fix pieds de longueur.
Suppofons que les deux premieres fe partagent
en quatre, chacune de 10 pouces quarrés, que
trois autres portent une bille quarrée de 10

pouces, & une levée de quatre pouces, & que les deux dernieres ne portent qu'une bille de neuf à dix pouces quarrés. Le sommet de l'arbre est employé à faire des solives.

Voilà notre arbre partagé en sept billes de six pieds chacune, ci . . 42 pieds.
Solives. . . . 8
____
Ce qui revient à . , 50 pieds.

Si l'on scie les billes en planches nommées volices, on aura environ 300 de volices de six pieds de longueur, & de sept à huit lignes d'épaisseur, qui, à raison de 22 liv. par cent, vaudront 66 liv. ci . . 66 liv.

Si on les fait débiter en planches de 16 lignes d'épaisseur & de six pieds de longueur, on aura environ un cent & demi de planches, qui, sur le pied de 30 livres le cent, feront . 45 liv
____
Reste : . . 21 liv.

Partant on gagnera, en préférant la volice à la planche 21 liv. par arbre.

La raison de cette différence vient de la grande consommation qu'on fait de la volice de bois blanc, pour toutes les menuiseries, dans lesquelles on emploie au moins quatre fois plus de volices que de planches.

Il faut observer de faire des planches & des volices de neuf à dix pieds de longueur, même de 12 pieds, si l'on peut. Elles en seront bien mieux vendues.

Volices . . . 66 liv
Une solive de huit pieds à 20 sols la toise . . . 1 l. 4 s.
____
67 liv. 4 s.

Ci- contre   .   .   .   67 l. 4 f.
Copeaux   .   .   .   1 l. 10 f.

TOTAL du produit de l'arbre . 68 l. 14 f.

Non-compris la pointe & les branchages qui forment encore un objet.

Il en coûte pour faire abbattre, fcier, équarrir, & façonner l'arbre 8 liv. au plus par cent de planches, ou de volices, ce qui fait 24 liv. pour 300, ci   .   .   24 l.

Refte   .   .   . 44 l. 14 f.

Faites déduction de 20 liv. pour le prix de l'arbre, ci   .   20 l.

Refte   .   .   . 24 l. 14 f.

Vous trouverez en le faifant exploiter 24 liv. 14 f. de gain, fans compter les élagures, la pointe, &c.

Comme nous n'avons pas encore dans nos terres des Peupliers d'Italie affez gros pour être en état d'être coupés, & que nous n'en avons pas pu trouver ailleurs dans toute leur force, nous avons cru devoir juger de la groffeur de cet arbre lorfqu'il aura 20 ans dans de bonnes terres par le progrès qu'il a fait depuis la plantation jufqu'à préfent ; nous avons raffemblé des Scieurs de long, des Menuifiers, des Charpentiers & des Marchands de bois, pour faire l'eftimation que nous venons de donner, & nous avons cru devoir nous en rapporter entierement fur cet objet à leurs avis réunis.

Quoique nous ayons fait déjà une très-grande quantité d'expériences fur la culture des Peupliers & particulierement de celui d'Italie, il nous manque encore certainement beaucoup

de

de connoissances pour espérer de donner un Traité complet sur cette partie. Nous invitons autant qu'il est en nous les Cultivateurs à faire toutes les observations nécessaires pour perfectionner les Mémoires que nous donnons ici ; persuadés que guidés par le zele patriotique qui doit animer les vrais Citoyens, lorsqu'ils auront fait des découvertes utiles, ils voudront bien en faire part au Public.

N. B. Nous avons cru devoir indiquer dans la premiere Edition de notre Ouvrage, les Pépinieres dans lesquelles les Cultivateurs pouvoient voir des Peupliers d'Italie, parce qu'elles étoient pour lors extrémement rares. Comme cet arbre commence à être connu, & qu'il s'est formé depuis beaucoup de Pépinieres, que les papiers publics ont annoncées dans les différentes Provinces, nous avons jugé à propos de les supprimer toutes ; & si nous avons parlé dans le Chapitre VII de celle qui est établie à Sens sous la raison du sieur Sauvalle, Négociant, Associé du Bureau d'Agriculture, c'est parce que nous avons vû exécuter dans cette Pépiniere considerable une partie des experiences dont nous venons de rendre compte.

F I N.

E

TABLE
DES CHAPITRES.

FIN de la Table des Chapitres.

CATALOGUE des Livres d'Agriculture qui se vendent à Paris, chez la Veuve D'HOURY, Imprimeur-Libraire de la Société Royale d'Agriculture de la Généralité de Paris, rue S. Severin.

MÈMOIRE fur les Défrichemens, *Brochure in-12.*   1 liv. 10 fols.

Pratique des Défrichemens, *Brochure in-12.* 12 fols.

Recueil contenant les Délibérations de la Société Royale d'Agriculture de la Généralité de Paris, au Bureau de Paris, & les Mémoires publiés par fon ordre, *Brochure in-8°.*   1 liv. 4 fols.

Mémoire fur les Maladies Epidémiques des Beftiaux, qui a remporté le Prix propofé par la Société Royale d'Agriculture de la Généralité de Paris, pour l'année 1765, compofé par M. Barberet, Medecin Penfionnaire de la Ville de Bourg-en-Breffe, ancien premier Medecin des Armées, Membre de l'Académie des Sciences de Dijon, *Brochure in-8°.*   2 liv.

Mémoire fur la Mortalité des Moutons en Boulonnois, dans les années 1761 & 1762, par M. Desmares, Medecin, Penfionnaire de la Ville de Boulogne, *Brochure in-8°.*   12 fols.

Lettre à M * * * fur la Mortalité des Chiens, dans l'année 1763, par le même, *Brochure in-8°.* 12 fols.

Les Epidémiques d'Hippocrate, *in-12. fous preffe.*

APPROBATION.

J'Ai lû par ordre de Monseigneur le Vice-Chancelier une Brochure sur *la Culture des Peupliers d'Italie, par M. Pelée de Saint-Maurice*; je pense que cet Ouvrage est très-utile, & qu'il ne sçauroit être trop souvent publié. Fait à Paris le 27 du mois de Novembre 1766.
Signé RAULIN.

EXTRAIT DES REGISTRES

De la Société Royale d'Agriculture de la Généralité de Paris.

Du 26 Août 1762.

MONSIEUR le Chevalier TURGOT ayant été chargé d'examiner un Ouvrage qui a pour Titre: *L'Art de cultiver les Peupliers d'Italie, par M. Pelée de Saint-Maurice*, l'un de nos Associés au Bureau de Sens, en a fait son Rapport, & la Société a jugé cet ouvrage digne de l'Impression. En foi de quoi j'ai signé le présent Certificat. A Paris ce 26 Août 1762. DE PALERNE, *Secrétaire perpétuel de la Société Royale d'Agriculture.*

PRIVILEGE DU ROI.

LOUIS, par la grace de Dieu, Roi de France & de Navarre, à nos amés & féaux Conseillers, les Gens tenant nos Cours de Parlement, Maîtres des Requêtes ordinaires de notre Hôtel, Grand Conseil,

Prevôt de Paris, Baillifs, Sénéchaux, leurs Lieutenans Civils & autres nos Justiciers qu'il appartiendra: SALUT. Notre amée la Veuve de CHARLES-MAURICE D'HOURY, Imprimeur-Libraire de Mgr le Duc d'Orléans, ancien Adjoint, Nous a fait exposer qu'elle désireroit réimprimer, faire réimprimer des Ouvrages qui ont pour titres: *Épidémiques à Hippocrate. L'art de cultiver les Peupliers d'Italie, avec des Observations sur les differentes especes & variétés de Peupliers, sur le choix, la disposition des Pépinieres, &c.* s'il Nous plaisoit lui accorder nos Lettres de Privileges pour ce nécessaires. A CES CAUSES, voulant favorablement traiter l'Exposante, Nous lui avons permis & permettons par ces presentes, de réimprimer, faire réimprimer lesdits Ouvrages autant de fois que bon lui semblera, & de les vendre, faire vendre & débiter partout notre Royaume, pendant le temps de six années consécutives, à compter du jour de la date des presentes. Faisons défenses à tous Imprimeurs-Libraires, & autres personnes, de quelque qualité & condition qu'elles soient, d'en introduire de réimpression étrangere dans aucun lieu de notre obéissance. Comme aussi, de réimprimer, faire réimprimer, vendre, faire vendre, débiter ni contrefaire lesdits Ouvrages, ni d'en faire aucun extraits sous quelque prétexte que ce puisse être sans la permission expresse & par écrit de ladite Exposante, ou de ceux qui auront droit d'elle, à peine de confiscation des Exemplaires contrefaits; de trois mille livres d'amende contre chacun des Contrevenans, dont un tiers à Nous, un tiers à l'Hôtel-Dieu de Paris, & l'autre tiers à ladite Exposante, ou à celui qui aura droit d'Elle, & de tous dépens, dommages & interêts. A la charge que ces presentes seront enregistrées tout au long sur le registre de la Communauté des Imprimeurs & Libraires de Paris, dans trois mois de la date d'icelles; que la réimpression desdits deux Ouvrages sera faite dans notre Royaume & non ailleurs, en bon papier & beau caractere, conformément aux Reglemens de la Libraire, & notamment à celui du 10 Avril 1725, à peine de déchéance du present privilege; qu'avant de les exposer en vente, les imprimés qui auront servi de copie à l'impression desdits Ouvrages, seront remis dans le même état où l'approbation y aura été

donnée, ès mains de notre très-cher & féal Chevalier, Chancelier de France, le sieur de Lamoignon, &
qu'il en sera ensuite remis deux exemplaires de chacun dans notre Bibliotheque publique, un dans celle
de notre Château du Louvre, un dans celle dudit
sieur de Lamoignon, & un dans celle de notre très-
cher & féal Chevalier, Vice-Chancelier, & Garde
des Sceaux de France, le sieur de Maupeou, le tout
à peine de nullité des presentes, du contenu des-
quelles, vous mandons & enjoignons de faire jouir
ladite Exposante & ses Ayans causes, pleinement
& paisiblement, sans souffrir qu'il leur soit fait
aucun trouble ou empêchement. Voulons que la
copie des presentes, qui sera imprimée tout au long
au commencement ou à la fin desdits Ouvrages,
soit tenue pour dûement signifiée, & qu'aux copies
collationnées par l'un de nos amés & féaux Conseil-
lers-Secretaires, foi soit ajoûtée comme à l'original.
Commandons au premier notre Huissier ou Sergent
sur ce requis, de faire pour l'exécution d'icelles tous
actes requis & nécessaires, sans demander autre permission, & nonobstont clameur de Haro, Chartre
Normande, & Lettres à ce contraires. Car tel est
notre plaisir. Donné à Versailles le trente-uniéme
jour du mois de Décembre, l'an de grace mil sept
cent soixante-six, & de notre Regne le cinquante-
deuxiéme. Par LE ROI en son Conseil.

Signé L E B E G U E.

*Regiftré fur le Regiftre XVII. de la Chambre Royale
& Syndicale des Libraires & Imprimeurs de Paris,
N°. 1205, fol. 79, conformément au Reglement de
1723. A Paris, ce 14 Janvier 1767.
Signé* G A N E A U, Syndic.